电工技术与技能

徐桂珍　张思金　主编

中国水利水电出版社
www.waterpub.com.cn

内容提要

本书为中等职业教育课程改革创新试验新教材，依据教育部2009年颁布的“中等职业学校电工技术基础与技能教学大纲”，并参考了有关的国家职业技能标准和行业职业技能鉴定规范编写而成。本书主要内容包括电路的基本概念和基本定律、直流电路、电容与电感、单相正弦交流电路、三相正弦交流电路、常用电工仪表的使用、安全用电。本书采用项目任务式编写结构，内容安排由浅入深、通俗易懂、突出应用。

本书可作为中等职业学校电子技术应用、机电技术应用、电子电器应用与维修、电气运行与控制等电类专业教材，也可作为维修电工、电子设备装接工等岗位培训教材。

图书在版编目（CIP）数据

电工技术与技能 / 徐桂珍，张思金主编. -- 北京 ：中国水利水电出版社，2012.8
ISBN 978-7-5170-0075-4

Ⅰ. ①电… Ⅱ. ①徐… ②张… Ⅲ. ①电工技术－中等专业学校－教材 Ⅳ. ①TM

中国版本图书馆CIP数据核字(2012)第195257号

书　名	**电工技术与技能**
作　者	徐桂珍　张思金　主编
出版发行	中国水利水电出版社 （北京市海淀区玉渊潭南路1号D座　100038） 网址：www.waterpub.com.cn E-mail：sales@waterpub.com.cn 电话：（010）68367658（发行部）
经　售	北京科水图书销售中心（零售） 电话：（010）88383994、63202643、68545874 全国各地新华书店和相关出版物销售网点
排　版	中国水利水电出版社微机排版中心
印　刷	北京瑞斯通印务发展有限公司
规　格	184mm×260mm　16开本　8.75印张　207千字
版　次	2012年8月第1版　2012年8月第1次印刷
印　数	0001—3000册
定　价	**28.00**元

凡购买我社图书，如有缺页、倒页、脱页的，本社发行部负责调换

版权所有·侵权必究

前言

随着现代电工电子技术的飞速发展，以及中等职业教育教学改革的不断深入，传统的学科体系式教材已经越来越不能适应中等职业教育的培养目标，也不符合当前中职生的学习特点。本书是根据目前中职生的特点，在多年教学改革与实践的基础上，总结了多年的中职教学经验，依据教育部最新颁布的“中等职业学校电工技术基础与技能教学大纲”而编撰的，它的知识内容从易到难，由浅入深；技能训练从简单到复杂；理论知识和技能训练一个项目紧扣一个项目，有趣而生动，提高“做、学、教”，使得学生能够在做中学、学中做，掌握较为全面的理论知识和技能。其主要任务是使学生掌握电工技术方面的基础理论，以及常用电工仪器、仪表的使用，基本线路的连接、测量等基本技能。本书的主要特点如下：

(1) 以项目任务驱动方式进行编写。坚持以任务为引领，将理论知识融于操作过程中，实现“做中学、做中教”的职业教育特色，力求做到学做合一、理实一体。

(2) 本书以就业为导向，坚持“够用、实用、会用”的原则，弱化了数理论证，以掌握概念、突出实际应用、培养技能为重点，并适当反映新技术。教学内容及组织体系，凝聚了编者多年来进行教学研究和教学改革的经验和体会，教学的可操作性和适用性强。

(3) 本书的每一单元为一项目，都有“知识”和“实验”，并在每个任务中都有生动的例子，以便于探究性学习的开展和实施，充分考虑了目前中等职业学校学生的接受能力。

(4) 本书的编写符合中等职业学校学生的认知规律，书中尽可能使用实物图片和表格展示各个知识点与任务，从而提高教材的可读性。

本书共分七个项目，由徐桂珍（高级讲师）和张思金（讲师）担任主编。其中，项目一由南昌供电公司吴寒编写，项目二至项目四由徐桂珍老师编写，项目五至项目六由张思金老师编写，项目七由朱美荣编写。全书由徐桂珍老师统稿，戴金华（高级工程师）主审。

本书得到了江西省水利水电学校、江西省水利工程技师学院领导与同事的大力支持，在此谨表示衷心的感谢！

由于时间匆忙，限于作者的学术水平，错误与不妥之处在所难免，敬请同仁读者批评指正。

编者

2012年6月10日

目 录

项目一　电路的基本概念和基本定律

任务一　电路的基本概念

知识一　电路和电路模型

一、电路

电路就是电流通过的路径。手电筒是最简单的一种电路，它由干电池、灯泡、连续导体（金属筒体）和开关组成，如图 1-1（a）所示。电路复杂时如网状，故电路也称电网络，简称网络。电路和网络这两个名词可以通用，两者没有严格的区别。

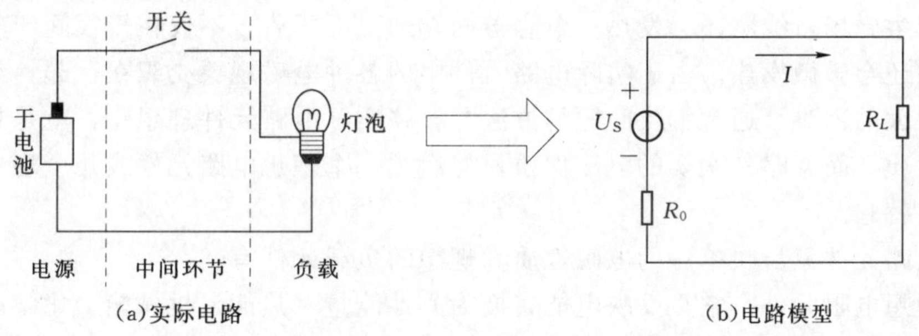

图 1-1　灯泡的电路图

无论是简单电路还是复杂电路，都由三个基本部分组成。

（1）电源：提供电能或信号的装置，如发电机、电池和各种信号源。

（2）负载：即用电设备，它将电能或电信号转换成非电形式的能量或信号。例如电炉将电能转换为热能，电动机将电能转换为机械能，电解槽将电能转换为化学能，电视机能将电磁波信号转换为视听信号等。

（3）中间设备：电源和负载之间的连接设备，用于传输、分配和控制电能和电信号。如导线、开关、仪表及保护装置等设备。

电路有三种状态：一种是工作状态，把电路中的开关接通，使电源与负载连通构成闭合回路。比如在小灯泡的电路中，当开关闭合后小灯泡亮起来的工作状态，这时电路中有电流，电池供给电能，灯泡消耗电能转换为热能，这种状态又称为通路或闭路。第二种状态是开关打开，灯泡熄灭，电路中没有电流通过的状态称为开路，又称为断路。第三种状态是短路，又称为捷路，当电源两端的导线直接相连，这时电源输出的电流不经过负载，只经过连接导线直接流回电源，此时电路中出现很大的电流，可能会损坏电气设备，应该尽量避免。有时，在调试电子设备的过程中，将电路某一部分短路，这是为了使与调试过程无关的部分没有电流通过而采取的一种方法。

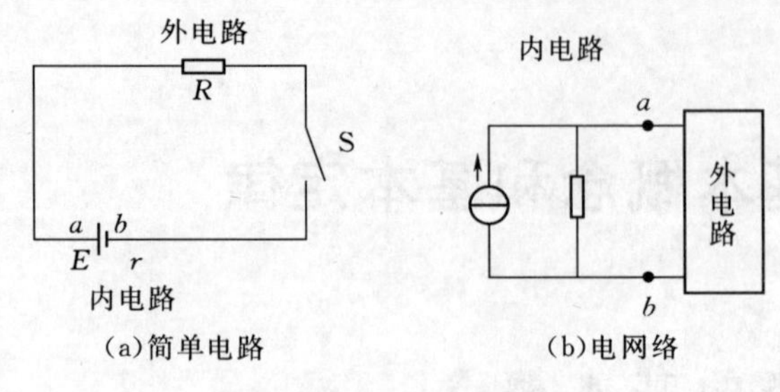

(a)简单电路　　(b)电网络

图 1-2　外电路与内电路

根据研究问题的需要，常常把电路分为外电路和内电路。对于简单电路，如图 1-2（a）所示。外电路是指从电源的一端经过全部负载及导线再回到电源的另一端的电路；内电路是指电源内部电流经过的电路。对于一个网络来说，网络以外的电路叫外电路，网络内部电路叫内电路，如图 1-2（b）所示。

电路的作用主要有两个：一是用于电能的传输、分配和转换，例如电力传输系统；二是用于电信号的产生、传递和处理，例如电视、计算机、通信系统等。

二、电路模型

实际电路中有各种各样的电气装置和器件，名目繁多，我们一律称它们为实际电路元件，如发电机、变压器、电灯和电动机等。它们在通电时产生的电磁效应往往比较复杂。例如，灯泡在通过电流时，不仅要发热发光，还会产生微弱的磁场；电感线圈在通过电流时不仅要产生磁场，线圈还会发热；电容器两端加上电压后，不仅在极板间产生电场，而且绝缘介质还会微微发热。由于实际电路元件中的各种电磁现象交织在一起，给分析电路问题带来很大的困难。通常解决问题的方法是，将实际电路元件理想化，就是只考虑其主要的电磁性质，而忽略其次要的电磁性质，然后用一个理想电路元件或几个理想电路元件的组合来代替它。

理想电路元件只反映单一的电磁性质。理想的负载元件有：

（1）理想电阻元件。它只反映电能转换为其他能量（热能、机械能、化学能等）而消耗掉的性质，是耗能元件。它的文字符号是 R，图形符号如图 1-3（a）所示。

（2）理想电感元件。它只反映将电能转换为磁场能量并储存起来的性质，是储能元件。它的文字符号为 L，图形符号用 3 个以上半圆来表示，如图 1-3（b）。

（3）理想电容元件。它只反映将电能转换为电场能量并储存起来的性质，也是储能元件。它的文字符号为 C，图形符号如图 1-3（c）所示。

理想的电源元件有：理想电压源和理想电流源，以后要专门介绍。此外，还有理想导线。

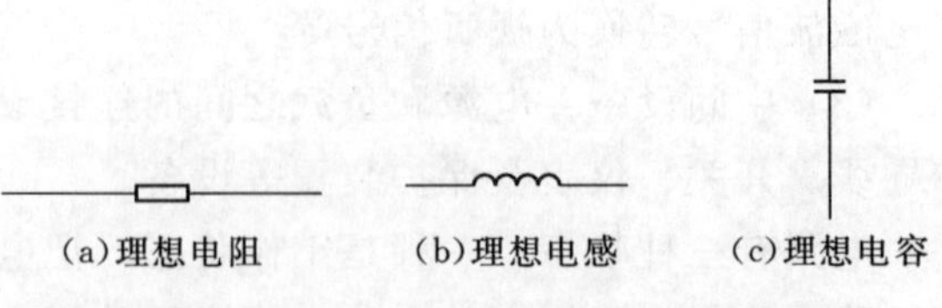
(a)理想电阻　　(b)理想电感　　(c)理想电容

图 1-3　理想电路元件图形符号

例如，一个灯泡，如果忽略通电时产生的微弱磁场，便可以用一个理想电阻元件来表示；一个电感线圈，如果忽略其导线电阻，便可以用一个理想电感元件来表示；一个电容器，如果忽略其泄漏电流，便可用理想元件组合来表示。再如，一个交流铁芯线圈，当需要计及铁芯损耗（铁芯发热）和地线损耗时，可用一个理想电阻和一个理想电感元件的组合来表示。对于传输线，还要考虑线路间和线对地的部分电容等因素。实际电路元件用理想电路元件代替或表示后，一个实际电路便由一些理想电路元件连接而成，这种由理想电路元件组成的电路，称为实际电路的电路模型，如图 1-1（b）所示。电路模型以图形符号表示时，也称为电路图。电路模型也可以用数学公式表示，称为数学模型。

电路模型不是电路原物，也不是原物的缩小（不是水电站模型的概念），而是实际电路理想化（或模型化）后的一种科学抽象，便于我们用数学手段来分析电路。我们今后分析的也是电路模型，电路模型在电路分析中采用得如此广泛，因而习惯上将电路模型简称为电路。

理想电路元件常简称电路元件，如理想电阻元件简称电阻元件，理想电感元件简称电感元件，理想电容元件简称电容元件。对于未指明性质的电路元件，在电路图上可以用小方框表示。图 1-4 中的各方框可能是电源元件，也可能是负载元件。

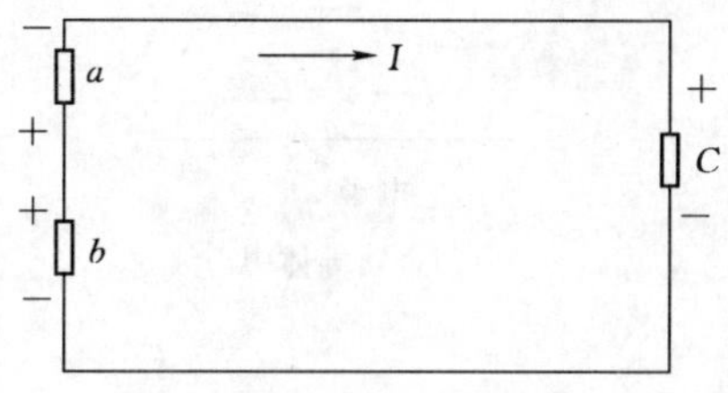

图 1-4　用方框表示电路元件

知识二　电路的基本物理量

一、电流

电流是电荷的定向运动形成的。

设有一电流流过导体，若在时间 t 内穿过导体横截面 S 的电荷为 q，则通过导体的电流 I 为

$$I=\frac{q}{t} \tag{1-1}$$

其数值等于单位时间内通过导体横截面的电荷量。

如果电流随时间而变化，式（1-1）可改写为

$$i=\frac{\mathrm{d}q}{\mathrm{d}t} \tag{1-2}$$

式中：$\mathrm{d}q$ 为在极短的时间 $\mathrm{d}t$ 内通过导体横截面的微小电荷量。

在 SI 单位中，电流的单位是 A（安［培］）。1A（安）就是每秒通过导体横截面的电荷量为 1C（库）。此外，电流单位还常用 kA（千安）、mA（毫安）和 μA（微安）等表示。它们与 A（安）的关系是

$$1\text{kA}=10^{3}\text{A},\ 1\text{mA}=10^{-3}\text{A},\ 1\mu\text{A}=10^{-6}\text{A}$$

电流分直流和交流两大类。凡大小和方向都不随时间变化的电流，称为稳恒电流，简称直流（简写作 DC）；凡大小和方向都随时间变化的电流，称为交变电流，简称交流（简写作 AC）。

电流是有方向的，习惯上规定正电荷运动的方向为电流的方向，这个方向也称为电流的实际方向。

在金属导体中，电流是由自由电子的运动形成的，所以电流的方向是电子流的反方向，如图 1-5（a）所示。

在电解液中，正离子朝一个方向移动，而负离子朝另一个方向移动，电流的方向是正离子移动的方向，负离子移动的反方向，如图 1-5（b）所示。

在电子管中，电子从阴极发射到阳极，电流的方向则从阳极到阴极，如图 1-5（c）

所示。

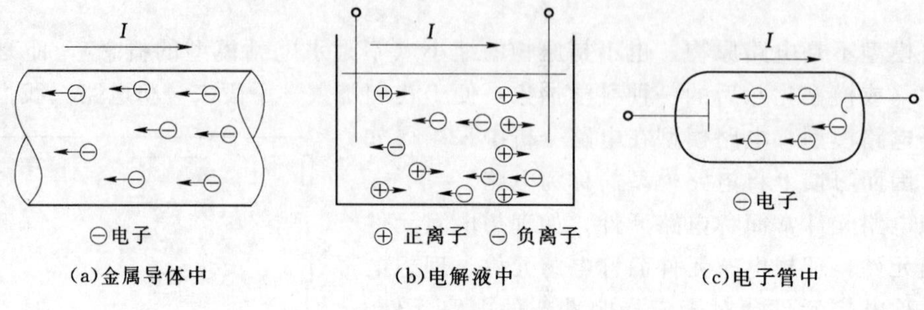

(a)金属导体中　(b)电解液中　(c)电子管中

图 1-5　电流的方向

在电路分析中，某支路中的电流方向有时经常改变，有时难以判断。为了解决这个问题，我们引入方向（正方向）的概念。

图 1-6 中箭头方向并不一定就是电流的实际方向，称它为参考方向或正方向。电流的实际方向常可采用虚线箭头表示。当电流的参考方向与实际方向一致时，电流为正值；相反时，电流为负值。

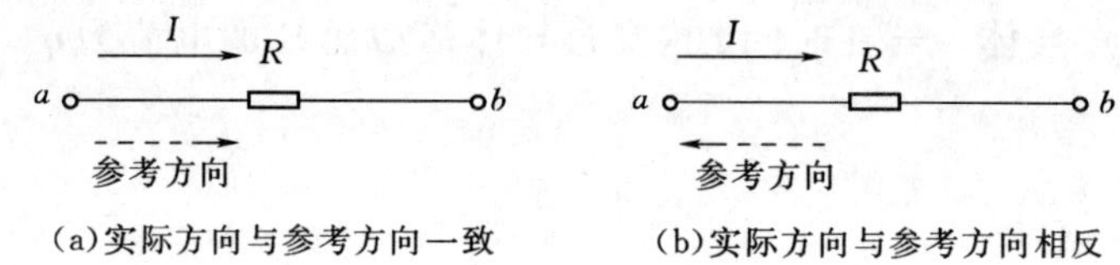

(a)实际方向与参考方向一致　(b)实际方向与参考方向相反

图 1-6　电流的参考方向

电流的参考方向可以任意选取，对同一支路，如果选取两个不同的参考方向，则两种情况下的电流数值相差一个负号。

电流的参考方向也可以用双下角标表示，如 I_{ab} 表示电流的参考方向由 a 指向 b，而 I_{ba} 表示电流的参考方向由 b 指向 a。如果电流的实际方向由 a 流向 b，则 I_{ab} 为正值，而 I_{ba} 为负值。

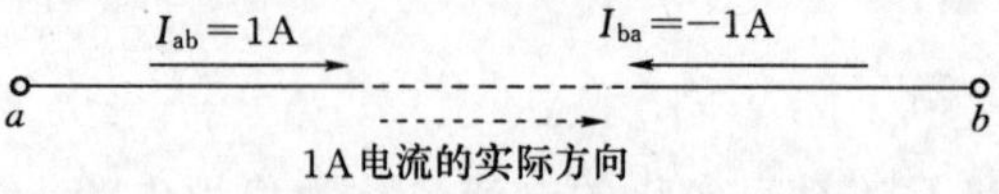

$I_{ab}=1A$　$I_{ba}=-1A$

a　b

1A电流的实际方向

图 1-7　对同一支路选取两种不同的参考方向

例如，若在一支路中，有 1A 电流从 a 流向 b，我们可以在该支路上标上一个箭头，箭头方向由 a 指向 b，并注上 $I_{ab}=1A$；假若这个电流的方向改变了，从 b 流向 a，我们当然可以把箭头的方向也改过来，由 b 指向 a。但是，也可以不改变箭头的方向，而将电流的数量记为负值，即 $I_{ba}=-1A$，如图 1-7 所示。

为了具体了解电路中电流的大小，以便在分析电路时作为依据，须经常测量电路中的电流。通常用电流表测量电流，按其测量范围不同分为安培表、毫安表、微安表等，在表盘上分别用 A，mA，μA 标明。用电流表测量电流时，具体方法如下：

（1）粗略估计电路中电流的大小，以便选择电流表的测量范围。如一时无法确定，可先将电流表的量程选择置于最大档位，然后逐步缩小测量范围。

（2）电流表应串接在电路中，使被测电流由电流表的“＋”端流入，从“－”端流出，如图 1－8 所示。

（3）测量电流时，如发现表针猛然转到顶，应立即断开电源，检查原因。

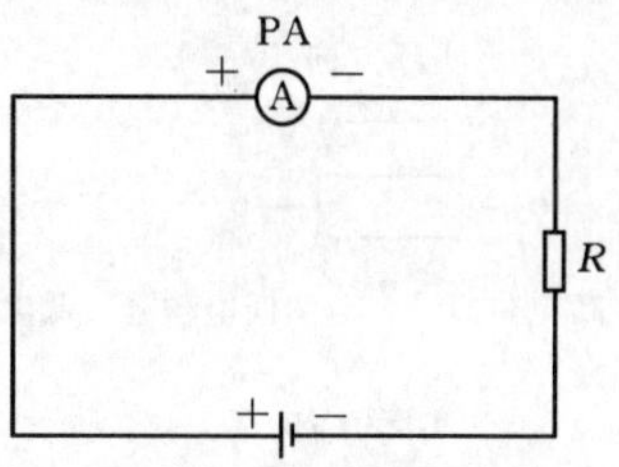

图 1－8　电流表的接法

二、电压与电位

（一）电压

大家知道，水从高处流下会做功。水电厂就是利用水坝高处的水流经水轮机时释放的能量而做功发电的。反过来，如果把坝下的水搬运至坝上，就必须克服水的重力，我们所做的功便转换为水增加的势能。电荷在电场中运动也要做功。图 1－9 所示为两块带电的极板 a 和 b，a 极板带正电，b 极板带负电，因此在 a、b 极板之间存在电场，其方向由 a 指向 b。如果用导体（连接线和灯泡）把 a 极板和 b 极板连接起来，则在电场力的作用下，正电荷就能从 a 极板经导体移动到 b 极板（实际是自由电子由 b 极板移动到 a 极板），如同水在重力作用下移动并做功一样，正电荷在电场力作用下移动时也要做功，它所放出的能量就是灯泡发热发光的能量来源。为了衡量电场力对电荷做功的能力，引入电压这一物理量。

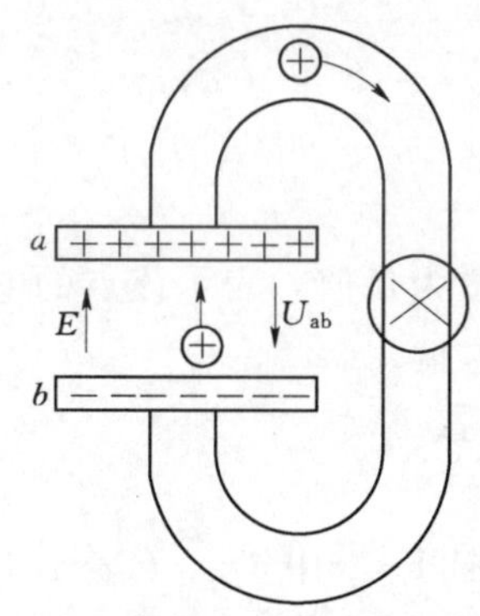

图 1－9　极板间的电压

设正电荷 g 在电场力作用下由 a 移至 b 时放出的能量为 W_{ab}，则比值 W_{ab}/q 称为 a、b 之间的电压 U_{ab}，即

$$U_{ab}=W_{ab}/q \tag{1-3}$$

式（1－3）表明：电压 U_{ab} 在数值上等于电场力将单位正电荷由 a 移至 b 时所做的功或放出的能量。

在国际单位制中，电压的单位是 V（伏［特］）。工程上常用 kV（千伏）、mV（毫伏）和 μV（微伏）表示电压单位。

在应用式（1－3）时，正电荷的电荷量用正值，负电荷的电荷量用负值；电荷失去的能量用正值，电荷获得的能量用负值。如果正电荷从 a 点移到 b 点时失去（或放出）能量，则 a 点为高电位点，b 点为低电位点；反之，正电荷从 a 点移到 b 点时获得（或吸收）能量，则 a 点为低电位点，b 点为高电位点。习惯上规定：由高电位到低电位的指向为电压的方向（实际方向）。所以，电压也称为电位降或电压降。

在电路的分析计算中，也需要选取电压的参考方向。电流的参考方向可以任意选取，电压的参考方向也可以任意选取。如果对于一个元件（或一条支路），将电流和电压的参考方向取向一致，称为关联参考方向；取向相反，称为非关联参考方向。对于负载元件，常选取关联参考方向。当电压的参考方向与实际方向一致时，电压为正值；反之，电压为负值。电压的参考方向可以用实线箭头表示，也可以用正（＋）、负（－）极性表示，如图 1－10 所示。

电压的参考方向也可以用双下角标来表示，U_{ab} 表示电压的参考方向由 a 指向 b，U_{ba} 表示电压的参考方向由 b 指向 a。若 $U_{ab}=1\text{V}$，则 $U_{ba}=-1\text{V}$。显然

$$U_{ab}=-U_{ba} \tag{1-4}$$

电压可用电压表来测量。测量时应将电压表放在适当的量程上，使电压表的正负极和

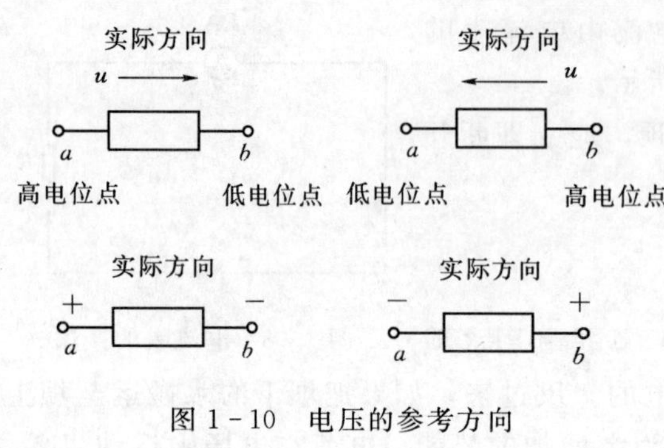

图 1-10　电压的参考方向

被测电压一致，然后将电压表并联在电路中，不要串联。

（二）电位

在电路中，两点之间的电压也称为两点之间的电位差，即

$$U_{ab}=\phi_a-\phi_b \tag{1-5}$$

式中：ϕ_a 为 a 点的电位，ϕ_b 为 b 点的电位。电位的符号也可以用大写字母 V 表示，如 V_a 和 V_b。

某点的电位就是该点对参考点（零电位点）的电压。若取电路中的 0 点为参考点，则：

a 点的电位

$$\phi_a=U_{a0}$$

b 点的电位

$$\phi_b=U_{b0}$$

而参考点的电位

$$\phi_0=U_{00}=0$$

即参考点的电位为零。

某点的电位为正值，表示该点的电位高于参考点。某点的电位为负值，表示该点的电位低于参考点。正数值愈大，则电位愈高；负数值愈大，则电位愈低。

参考点在电路中以接地符号“⏚”表示，但并非真正与大地连接。

三、电动势

要想在电路中维持连续的电流，电路中必须有电源。例如在图 1-9 中，a、b 表示电池的正、负极板。在电场力的作用下，正电荷经外电路由 a 极板移到 b 极板，如同物体从高处落下能够做功一样。在内电路，正电荷会被电源从 b 极板移回到 a 极板，这样电荷才完成一个闭合的流通回路。在电源内部，正电荷从低电位的负极移送到高电位的正极，这是逆电场方向而上，它必须克服电场力的作用，就如物体向上必须克服策略一样。电源能够产生一种力来克服电场力，这种力叫做电源力。将正电荷由 b 极板推到 a 极板所需要的能量是由电池的功或发电机的机械能等其他形式能量转换来的。为了说明电源力推动正电荷做功的这种能力，引入电动势这一物理量。电动势等于电源为将单位正电荷由电源负极移到电源正极所做的功或所需的能量。直流电动势用 E 表示。即

$$E=\frac{W}{Q} \tag{1-6}$$

电动势表示单位正电荷在电源内部，从负极移到正极时所获得的电位能。电动势越大，表明电源力移动正电荷做功越多，也就意味着把其他形式的能转换为电能的本领越大。电动势是电源的一个特征量，仅由电源本身的性质决定，与外接电路无关，其大小等于电源没有接入电路时两极间的电压，即电源的开路电压。

电动势的单位与电压单位相同，也是V（伏）。

电动势的实际方向规定为电源内部由负极板指向正极板的方向，也就是电位升高的方向。与电压一样，电动势也可以引入参考方向，由其具体数值的正负来确定实际方向。

如果电源端电压 U 的参考方向与电动势 E 的参考方向选取相反时，如图1-11（a）所示，在忽略电源内部的能量损耗情况下，它们之间有关系式

$$U=E \tag{1-7}$$

如果 E 与 U 的参考方向选取一致时，如图1-11（b）所示，它们之间的关系式为

$$U=-E \tag{1-8}$$

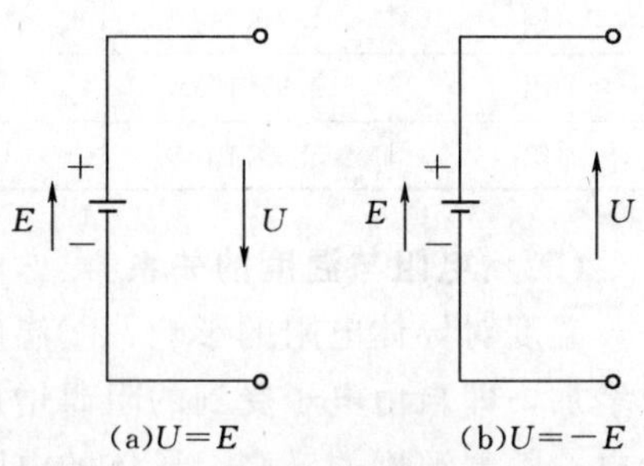

图1-11　电动势与端电压的关系

图1-11所示的 E 与 U 关系在后面要经常用到，这表明：电源在没有内部能量损耗时，它的端电压就等于电动势。

四、电阻和电导

（一）电阻

金属导体中的电流是自由电子的定向移动形成的。自由电子在运动中会不断地与金属中的离子和原子相碰撞，使自由电子的运动受到阻碍。因此，导体对于通过它的电流呈现一定的阻碍作用。反映导体对电流起阻碍作用大小的物理量称为电阻，用字母 R 表示。电阻的基本单位是Ω（欧［姆］）。

当导体两端的电压是1V，通过的电流是1A时，这段导体的电阻就是1Ω。电阻常用的单位有Ω、kΩ和MΩ，它们的换算关系是：

$$1k\Omega=10^3\Omega，1M\Omega=10^3k\Omega=10^6\Omega$$

导体的电阻是客观存在的，它与导体两端有无电压无关，即使没有电压，导体仍然有电阻。

实验证明：当温度一定时，均匀导体的电阻与导体的长度 l 成正比，与导体的横截面积 S 成反比，并与导体的材料性质有关，即

$$R=\rho\frac{l}{S} \tag{1-9}$$

式中的比例系数 ρ 是与导体材料性质有关的物理量，称为电阻率或电阻系数，单位是Ω·m（欧［姆］·米）。电阻率通常是指某种材料在20℃时，长1m、截面积 $1mm^2$ 的电阻值。

不同的材料有不同的电阻率，电阻率的大小反映了各种材料导电性能的好坏。电阻率越大，导电性能越差。通常将电阻率小于 10^{-6}（Ω·m）的材料称为导体，如银、铜、铝等；电阻率大于 10^7（Ω·m）的材料称为绝缘体，如橡胶、陶瓷、塑料等。生产中导体一般用铜、铝等电阻率小的金属制成；而为了安全，电工器具都采用电阻率较大的绝缘材料与导体隔离，如橡胶、塑料等。表1-1列出了几种常用材料的电阻率。

表 1-1　　常用材料的电阻率和电阻温度系数

材料名称	电阻率 $\rho(\Omega\cdot m)$	电阻温度系数 $a(℃^{-1})$	材料名称	电阻率 $\rho(\Omega\cdot m)$	电阻温度系数 $a(℃^{-1})$
银	1.6×10^{-8}	0.0036	铁	10×10^{-8}	0.006
铜	1.7×10^{-8}	0.004	碳	35×10^{-8}	−0.0005
铝	2.9×10^{-8}	0.004	锰铜	44×10^{-8}	0.000005
钨	5.3×10^{-8}	0.0028	康铜	50×10^{-8}	0.000005

（二）电阻与温度的关系

温度对导体电阻的影响：①温度升高，使物质分子的热运动加剧，带电质点的碰撞次数增加，即自由电子受到的阻碍增加；②温度升高，使物质中带电质点数目增多，更容易导电。随着温度的升高，导体的电阻值是增大了还是减小了，要看哪一种因素的作用占主要地位。

一般金属导体中，自由电子数目几乎不随温度变化，而带电粒子的碰撞次数却随温度的升高而增多，因此温度升高时，其电阻增大。温度每升高 1℃时，一般金属导体电阻的增加量为 3‰～6‰。所以，温度变化小时，金属导体电阻可认为是不变的；但当温度变化大时，电阻的变化就不可忽视。例如，40W 白炽灯的灯丝电阻在不发光时约 100Ω，正常发光时，灯丝温度可达 2000℃以上，这时的电阻超过 1kΩ，即为原来的 10 余倍。利用这一特性，可制成电阻温度计，这种温度计的测量范围为－263～1000℃（常用铂丝制成）。少数合金的电阻，几乎不受温度的影响，常用于制造标准电阻器。

在极低温（接近于绝对零度）状态下，有些金属（一些合金和金属的化合物）电阻突然变为零，这种现象叫做超导现象。对超导材料的研究是现代物理学中很重要的课题，目前正致力于提高超导体的温度，以扩大它的应用范围。

必须指出，不同的材料因温度变化而引起的电阻变化是不同的，同一导体在不同的温度下有不同的电阻，也就有不同的电阻率。表 1-1 列出的电阻率是在温度为 20℃时的值。温度每升高 1℃时电阻所变动的数值与原来电阻值的比，称为电阻的温度系数，以字母 a 表示，单位为 1/℃。

如果在温度为 t_1 时，导体的电阻为 R_1，在温度为 t_2 时，导体的电阻为 R_2，则电阻的温度系数

$$a=\frac{R_2-R_1}{R_1(t_2-t_1)} \tag{1-10}$$

即

$$R_2=R_1[1+a(t_2-t_1)]$$

表 1-1 所列的 a 值是导体在某一温度范围内温度系数的平均值，并不是任何初始温度下，每升高 1℃都有相同比例的电阻变化，上述公式只是近似的表示式。

（三）电阻器

电阻器简称电阻，是组成电路最基本的元件之一，常用电阻的实物图如图 1-12 所示。电阻器在电路图中的符号如图 1-13 所示，图 1-13（a）表示固定电阻，图 1-13（b）表示可变电阻。

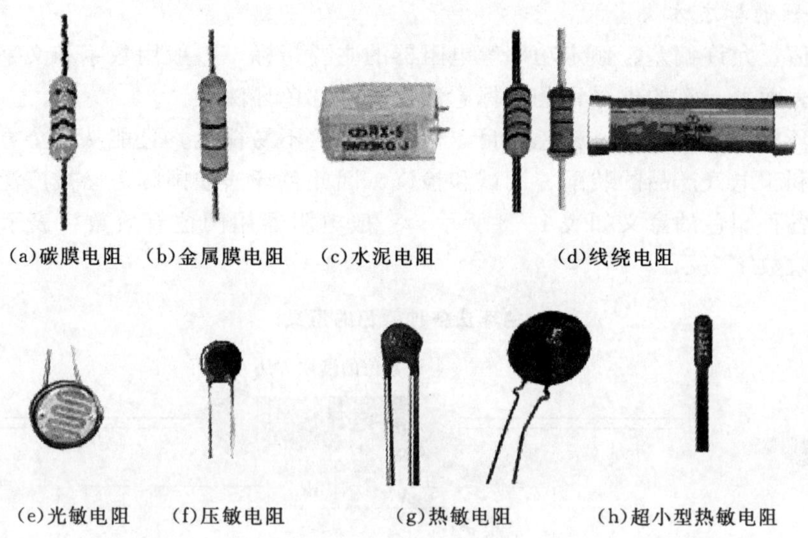

(a)碳膜电阻　(b)金属膜电阻　(c)水泥电阻　(d)线绕电阻

(e)光敏电阻　(f)压敏电阻　(g)热敏电阻　(h)超小型热敏电阻

图 1-12　电阻实物图

1. 电阻器的主要指标

电阻器的指标有标称阻值、允许偏差、额定功率、最高工作电压、稳定性和温度特性等。主要指标是标称阻值、允许偏差和额定功率等。

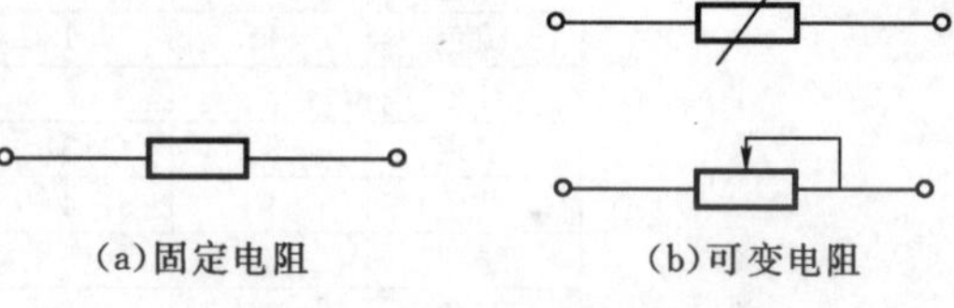

(a)固定电阻　(b)可变电阻

图 1-13　电阻器符号

(1) 标称阻值。标志在电阻上的电阻值称为电阻器的标称阻值。为便于生产和满足实际使用的需要，国家规定了一系列数值作为产品的标准，这一系列值叫做电阻的标称系列值。表 1-2 给出了几个标称系列值。电阻的标称阻值应为表中所列数值的 10^n 倍，其中 n 为正整数、负整数或零。

表 1-2　　通用电阻器标称阻值系列

系列	偏差	电阻器标称阻值系列
E_{24}	Ⅰ级±5%（J）	1.0、1.1、1.2、1.3、1.5、1.6、1.8、2.0、2.2、2.4、2.7、3.0、3.3、3.6、3.9、4.3、4.7、5.1、5.6、6.2、6.8、7.5、8.2、9.1
E_{12}	Ⅱ级±10%（K）	1.0、1.2、1.5、1.8、2.2、2.7、3.3、3.9、4.7、5.6、6.8、8.2
E_6	Ⅲ级±20%（M）	1.0、1.5、2.2、3.3、4.7、6.8

(2) 允许偏差。电阻器的标称阻值与实际阻值不完全相等，存在着误差（偏差）。设 R 为实际阻值，R_H 为标称阻值，则允许偏差的表达式为

$$r=\frac{R-R_H}{R_H}\times 100\% \tag{1-11}$$

式中：r 为电阻器标称阻值的准确程度。

(3) 额定功率。额定功率指在一定条件下，电阻器长期连续工作所允许消耗的最大功率，也称为标称功率。

2. 电阻器的标志方法

标称阻值、允许偏差、额定功率等电阻器的主要指标，一般用数字和文字符号直接标在电阻器的表面上，有的也采用色环标志法（简称“色环法”）。

采用色环标志的电阻器，颜色醒目，标志清晰，不易褪色，且能从各个方向看清阻值和偏差，有利于电气产品的装配、调试和检修，因此色环法在国际上已被广泛采用。

色环法各种颜色的意义如表 1-3 所示。一般电阻器用两位有效数字表示，精密电阻器用三位有效数字表示。

表 1-3　　色环法各种颜色的意义

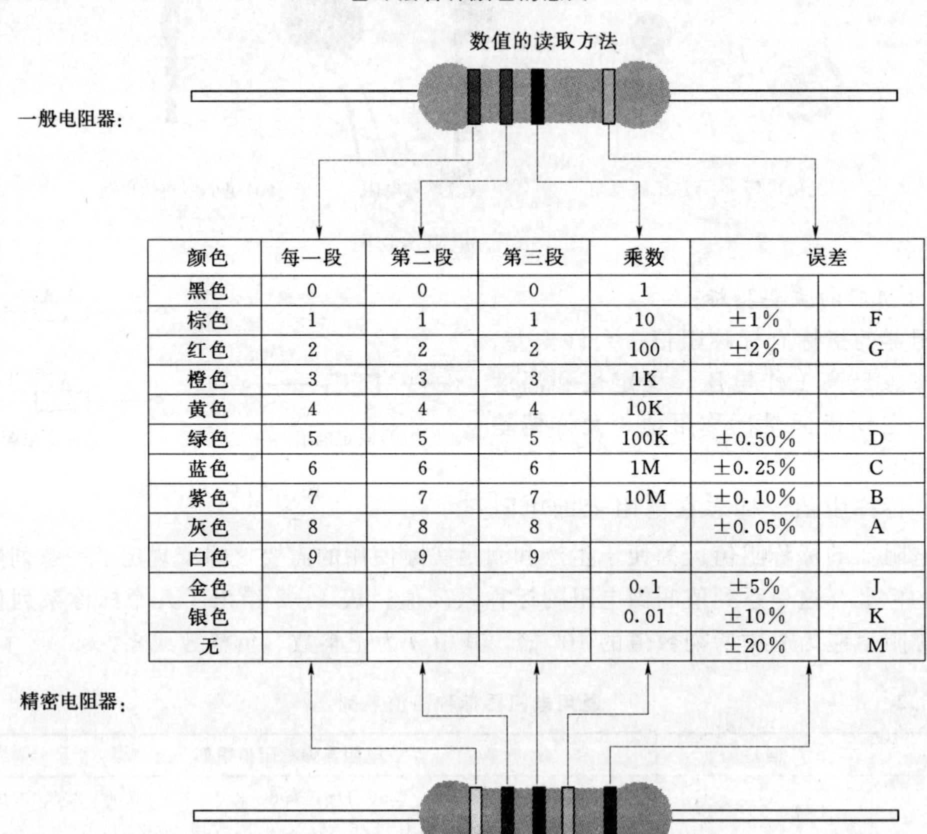

颜色	每一段	第二段	第三段	乘数	误差	
黑色	0	0	0	1		
棕色	1	1	1	10	±1%	F
红色	2	2	2	100	±2%	G
橙色	3	3	3	1K		
黄色	4	4	4	10K		
绿色	5	5	5	100K	±0.50%	D
蓝色	6	6	6	1M	±0.25%	C
紫色	7	7	7	10M	±0.10%	B
灰色	8	8	8		±0.05%	A
白色	9	9	9			
金色				0.1	±5%	J
银色				0.01	±10%	K
无					±20%	M

例 1-1　用色环法分别标明 $R=26\text{k}\Omega$、误差为±5%，$R=17.4\Omega$、误差为±1%的电阻。

解： $R=26\text{k}\Omega$，误差为±5%电阻的表示方法如图 1-14（a）所示；$R=17.4\Omega$，误差为±1%电阻的表示方法如图 1-14（b）所示。

在电路图中，常用的电阻器额定功率的图形符号如图 1-15 所示（大于 1W 的电阻器一般用阿拉伯数字表示）。

（四）电导

电阻的倒数叫做电导，用符号 G 表示，即

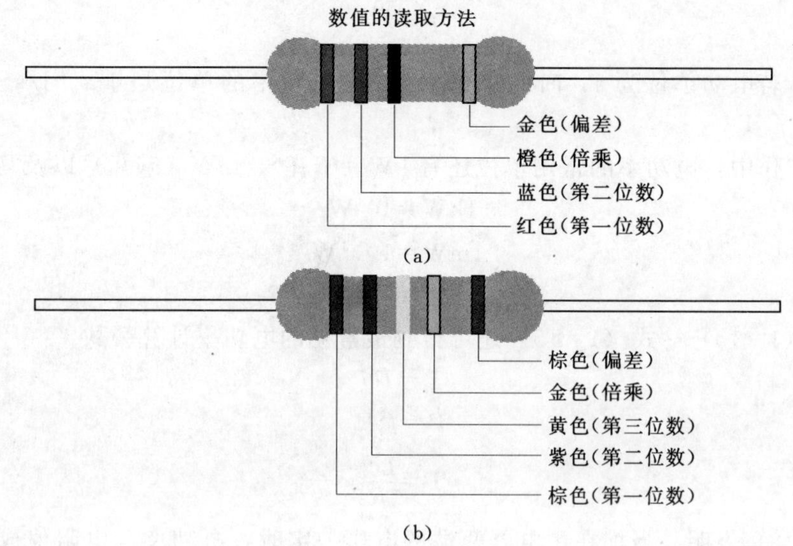

图 1-14　例 1-1 色环图

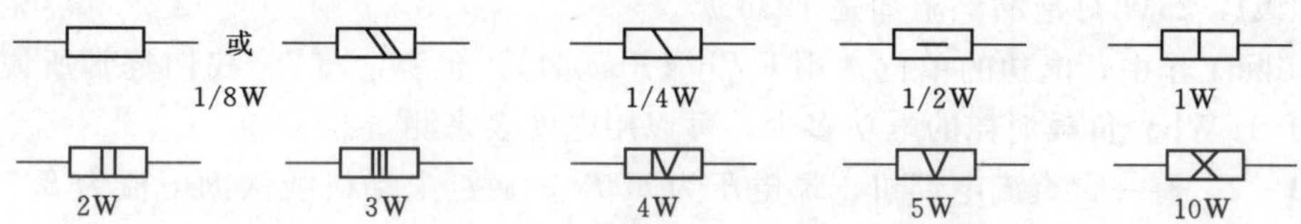

图 1-15　电阻器额定功率符号

$$G=\frac{1}{R} \tag{1-12}$$

导体的电阻越小，电导就越大，表明导体的导电性能越好。电阻和电导是导体同一性质的不同表示方法，并不是导体在本质上有什么变化。电导的单位是 S（西［门子］）。

五、电功与电功率

（一）电功

把电能转换成其他形式的能量时（例如热能、光能），电流都要做功，电流所做的功称为电功。根据公式 $I=\frac{Q}{t}$、$U=\frac{A}{Q}$以及欧姆定律，可得电功 A 的数学式为

$$A=UQ=IUt \tag{1-13}$$

或

$$A=I^2Rt \tag{1-14}$$

或

$$A=\frac{U^2}{R}t \tag{1-15}$$

式（1-13）～式（1-15）中，若电压单位为 V，电流单位为 A，电阻单位为 Ω，时间单位为 s，则电功单位就是 J（焦［耳］）。

（二）电功率

电功不能表示电流做功的快慢，因为不知道这些功是在多长时间内完成的。单位时间内电流所做的功，称为电功率，用字母 P 表示，即

$$P=\frac{A}{t}$$

上式中，若电功单位为J，时间单位为s，则电功率的单位是J/s。J/s又称W（瓦[特]）。

在实际工作中，电功率的常用单位还有kW（千瓦）、mW（毫瓦）以及马力等。

$$1\text{kW}=10^{3}\text{W}$$

$$1\text{mW}=10^{-3}\text{W}$$

$$1\text{马力}=0.735\text{kW}$$

根据式（1-13）～式（1-15）还可得到最常见的电功率计算公式

$$P=IU \tag{1-16}$$

或

$$P=I^{2}R \tag{1-17}$$

或

$$P=\frac{U^{2}}{R} \tag{1-18}$$

式（1-18）表明，当加在用电器两端的电压一定时，电功率与电阻值成反比。比如我们家庭中用的灯泡，电压都是220V，接上40W的灯泡要比20W亮，而40W灯泡的电阻是1210Ω，25W灯泡的电阻却是1936Ω。

在实际工作中，电功的单位常用kWh（千瓦时），也称“度”。我们经常所说的1度电就等于1kWh。负载消耗的电功多少，可以用电度表来测量。

例1-2　有一台直流电动机，端电压为550V，通过电动机线圈的电流为2.73A，试求电动机运行3h消耗多少度电。

解：$A=IUt=550\times2.73\times3\approx4500\text{Wh}$

$=4.5\text{kWh}=4.5$ 度

（三）电气设备的额定值

（1）额定电流。电气设备通电时，电流会使导电部分发热，使设备的温度升高，电流越大，温度升得越高。为了保证设备长期安全运行，各种电气设备都规定了正常工作条件下最大允许电流的数值，称为额定电流，用符号 I_N 表示。各种截面的电线都规定了在一定使用条件下（敷设条件、气温）允许电流的限值，如截面为1mm² 的橡皮绝缘铜芯电线在空气温度为35℃时的额定电流为18A，在40℃时额定电流则为17A。如果超过额定电流工作，日久因温度过高会使绝缘变脆、老化，影响使用寿命。如油浸变压器上层油温为95℃时，变压器的使用寿命为20年。温度升高8℃，使用寿命将减半。电流过大，还可能烧毁设备。

（2）额定电压。很多电气设备给出了正常工作条件下允许电压的最大值，称为额定电压，用符号 U_N 表示。如灯泡上标有“220V、60W”、电容器标有“400V、20μF”等。如果超过额定电压工作，可能因电流过大而影响使用寿命，也可能因超过绝缘的耐压水平而损坏设备。

（3）额定功率。灯泡、电烙铁、电阻器和电动机等标注的功率为额定功率，用符号 P_N 表示。

电气设备的额定电流、额定电压、额定功率及其他规定值（如电机的额定转速、额定转矩等）称为电气设备的额定值。额定值通常标在设备的铭牌上，所以也称铭牌值。电量的额定值一般只给出两个，其他可由公式计算得出。电气设备的额定值是按一定的运行条件而确定的，如电力变压器是按环境温度40℃设计的，如果环境温度高于40℃，运行时则要降低额定电流。

电气设备的额定值不一定等于使用时的实际值，如一台发电机的额定功率是300MW，运行时实际输出的功率则决定于负载的需求。一台电动机取用的电流要视其所接的机械负载而定，空载时的电流就很小。使用电气设备时，一定要看清铭牌或使用说明书，切勿违反额定值使用，以免发生事故或使设备不能正常工作。

知识三　指针式万用表的使用方法

万用表，又称多用表、三用表或复用表，是一种多功能、多量程的测量仪表。它可以测量直流电流、直流电压、交流电压、直流电阻、音频电平、电容、电感、晶体管直流参数等，应用范围非常广。

以MF—47型万用表为例，外形如图1-16所示。

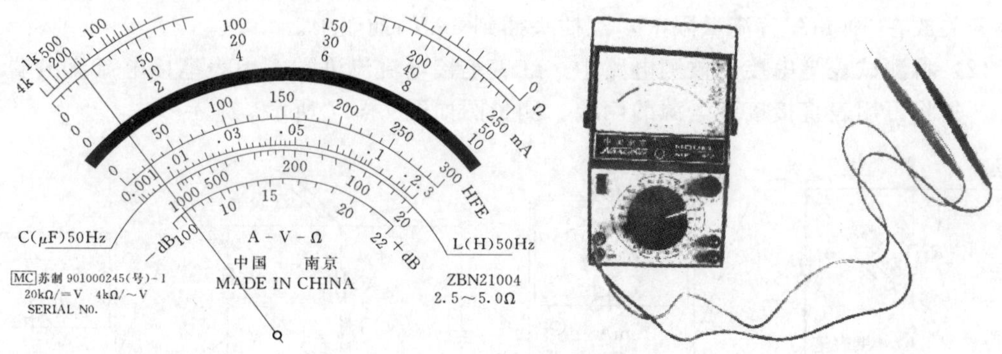

图1-16　MF—47型万用表外形

一、万用表面板的构成及功能介绍

万用表面板主要由转换开关、欧姆零点调整旋钮、测试笔插孔、标度盘、机械调零旋钮、三极管插孔等构成。

1. 面板上部分文字的含义

（1）面板上“－”符号表示直流，“～”符号表示交流。

（2）20kΩ/－V表示直流电压的灵敏度及电压降，＝2.5～5.0Ω表示精度，4kΩ/～V表示交流电压的灵敏度及电压降。

（3）面板上有四个插孔，左边“＋”表示表的正端插红表笔，测量时接被测电路的高电位点；“－”表示表的负端插黑表笔，测量时接被测电路的低电位点。在测电阻时，黑表笔接万用表内部电池的正极。右边“2500V”，“5A”分别表示测量交/直流电压2500V或直流电流5A时，红表笔则应分别插到标有2500V或5A的插孔中。

2. 主要部件及功能

（1）转换开关。通过改变转换开关的位置，就可完成一定的测量功能。测量功能由转换开关所指文字符号表示。

(2) 标度盘。标度盘共有六条刻度线，第一条刻度线供测电阻用；第二条刻度线供测交/直流电压和电流用；第三条刻度线供测晶体管放大倍数用；第四条刻度线供测电容用；第五条刻度线供测电感用；第六条刻度线供测量音频电平用。

(3) 量程与倍率。

1) 量程，是指指针指向满刻度线时的测量值。如测电压时量程选 500，若指针指在第二条刻度线 200 时的测量值为 400V，若指针指在第二条刻度线 110 时的测量值为 220V。

2) 倍率，是指测电阻时，测量值与读数的比值。如倍率选择 100Ω，若指针在第一条刻度线的 15 时，则测量值为 15×100Ω。

二、使用方法

在使用前应检查指针是否指在机械零位上，若不在零位上，应旋转表盖上的机械调零旋钮使指针指在零位上。

1. 直流电流的测量

(1) 选择量程。测量 0.05～500mA 时，转动转换开关至所需电流档；测量 5A 时，转换开关放在 500mA 直流量限上，红插头插到 5A 的插座中。

(2) 将测试表笔串接于被测电路中。红表笔接电流流进端，黑表笔接电流流出端。严禁将万用表直接接到电源的两端。测量图如图 1-17 所示。

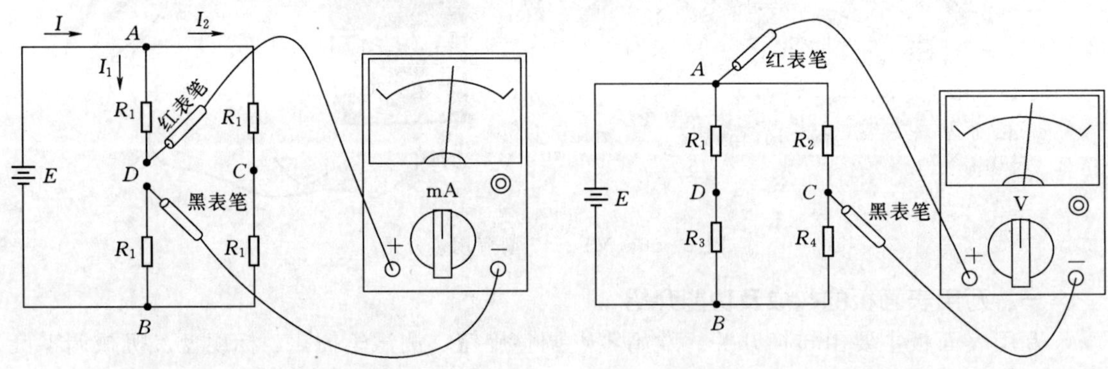

图 1-17　直流电流的测量图　　图 1-18　交/直流电压的测量

2. 交/直流电压的测量

(1) 选择量程。测量交流 10～1000V 或直流 0.25～1000V 时，转动转换开关至所需电压档；测量交/直流 2500V 时，红表笔应插在 2500V 的插座中，转换开关应分别旋至交流 1000V 或直流 1000V 位置上。

(2) 将测试表笔并接于被测电路两端。红表笔应接高电位，黑表笔接低电位。测量图如图 1-18 所示。

3. 电阻的测量

(1) 被测元器件首先要切断电源，并要与其他电路断开。

(2) 正确选择欧姆档和倍率。

(3) 进行欧姆调零，将两表笔直接连接短路，此时万用表的指针应指向零。若指针未指向零，应旋动“Ω”旋钮，使指针指向零，然后再测量电阻。

（4）读数，换算。

测量图如图1－19所示。

三、使用注意事项

（1）万用表转换开关位置选择必须正确，若误用电阻档或电流档测电压，会造成万用表损坏。

（2）测量过程中，不准转动转换开关，以免电弧损坏表头。

（3）在测量电压或电流时，若被测线路上电压或电流的大小难以估计出来，应先将万用表的量程拨到最大位置测量，然后逐渐换小档位。换档时，要使两表笔离开测量体，不可带电换量程。

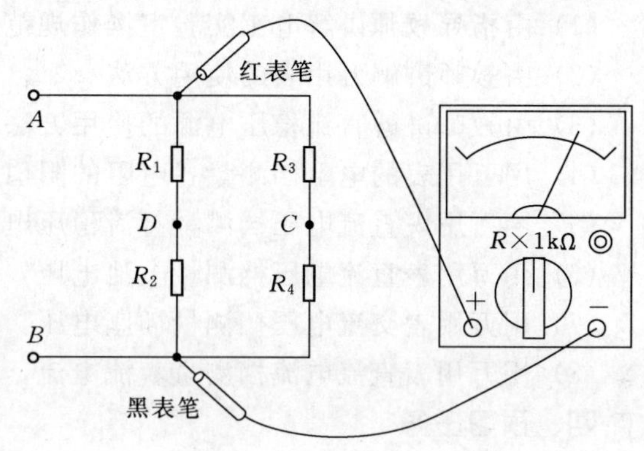

图1－19　电阻的测量图

（4）测量直流电压或直流电流时，若电源的极性不清楚，可以把转换开关转到最大位置，然后将两表笔与测试点快速地搭一下。若指针正转，则说明两表笔的位置正确；若指针反转，则说明两表笔位置接反。

（5）严禁在被测电路带电情况下测量电阻。如被测电路中有大容量电容，应先将该电容器正负极短接放电。

（6）选择量程时，应尽量使指针指向均匀刻度线的2/3以上区域或非均匀刻度线的中间区域，测量值才相对比较准确。

（7）测电阻时不允许用手同时触及被测电阻两端，在测量的间隙，应注意不要使两支表笔相接触。每换一次倍率档时都应重新调整零点。

（8）每次测量完毕后，应将万用表的转换开关拨到交流电压最高档的位置。

（9）应保持万用表清洁和干燥，防止振动和较大的冲击，以免影响准确度或损坏仪表。

（10）测量时，要根据选好的测量项目和量程档，明确在哪一条标度尺上读数，并应清楚标度尺上一个小格代表多大的数值。读数时，眼睛应位于指针正上方。

实验一　认　识　实　验

一、实验目的

（1）了解电工实验室操作规范。

（2）了解直流稳压电源的使用方法。

（3）了解万用表的使用方法。

二、实验器材

（1）直流稳压电源0～30V	1台
（2）电阻	若干

(3) MF—47型万用表　　　　　　　1块

(4) 干电池1.5V　　　　　　　　　2节

三、实验内容

(1) 由指导教师讲解电工实验室操作规范及安全注意事项。

(2) 由教师讲解万用表的使用方法。

(3) 由教师讲解直流稳压电源的使用方法。

(4) 用万用表的电阻档测量各电阻的阻值，并记入表格中。

(5) 用万用表直流电压档测量直流稳压电源的输出电压，并记入表格中。

(6) 用万用表直流电压档测量电池电压，并记入表格中。

(7) 用万用表交流电压档测量插座电压，并记入表格中。

(8) 用万用表直流电流档测量直流电流，并记入表格中。

四、预习任务

(1) 设计出测量直流电流的电路图。

(2) 设计出各测量量的表格。

实验二　电位值、电压值的测定

一、实验目的

(1) 通过电位值、电压值的测定验证电位值的相对性和电压值的绝对性。

(2) 练习直流电路的接线方法。

(3) 熟悉万用表的使用及其测量方法。

二、实验器材

(1) 直流稳压电源　　　　　1台

(2) 电阻　　　　　　　　　若干

(3) 万用表　　　　　　　　1块

(4) 电池　　　　　　　　　2节

(5) 导线　　　　　　　　　若干

三、实验电路

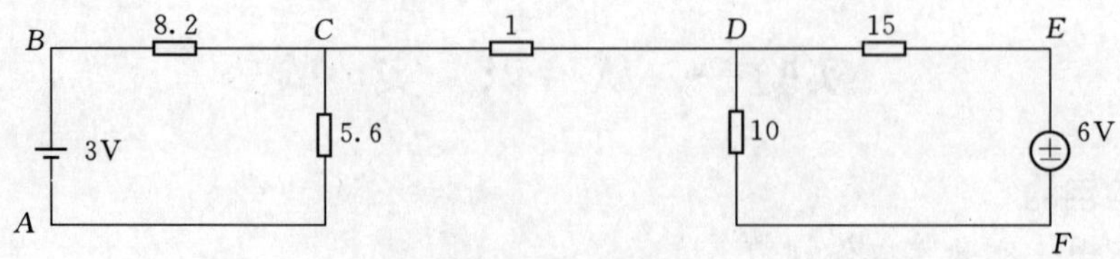

图1-20　实验电路

四、实验步骤

(1) 按图1-20所示接好电路图，调整稳压电源的输出电压为6V。

(2) 以A点为参考点测量A、B、C、D、E、F各点的电位，并记入表格1-4中。

(3) 以F点为参考点测量A、B、C、D、E、F各点的电位，并记入表格1-4中。

（4）分别测量 V_{AB}、V_{BC}、V_{CA}、V_{CD}、V_{ED}、V_{DF}、V_{EF} 的电压，并记入表格 1-4 中。

表 1-4　　实验表格及数据

参考点＼测量内容	V_A	V_B	V_C	V_D	V_E	V_F	V_{AB}	V_{BC}	V_{CD}	V_{DE}	V_{DF}	V_{EF}
A 点												
F 点												

五、实验数据分析

（1）总结电压和电位的关系及参考点对电位值的影响。

（2）分析电位值的相对性和电压值的绝对性。

任务二　电路的基本定律

知识一　欧姆定律

一、部分电路欧姆定律

图 1-21 为不含电源的部分电路。当在电阻 R 两端加上电压 U 时，电阻中就有电流通过。

1827 年德国物理学家欧姆在实验中发现：通过电阻器的电流 I，与电阻两端的电压 U 成正比，与电阻 R 成反比，这个结论称为欧姆定律。在电压、电流的参考方向一致的条件下，它的数学表达式为

$$I=\frac{U}{R}\text{或}U=IR \tag{1-19}$$

若电压、电流的参考方向不一致，则式（1-19）应写为

$$I=-\frac{U}{R}\quad\text{或}\quad U=-IR$$

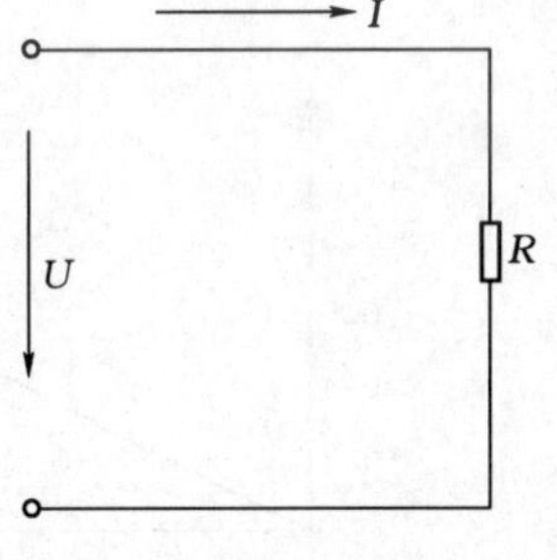

图 1-21　不含电源电路

欧姆定律揭示了电路中电流、电压、电阻三者之间的关系，是电路的基本定律之一，它的应用非常广泛。

例 1-3　有一电阻，当它两端加上 10V 电压时，流过的电流为 0.5A，求电阻的阻值。

解：

由 $I=\frac{U}{R}$得

$$R=\frac{U}{I}=\frac{10}{0.5}=20(\Omega)$$

答：所求电阻的阻值为 20Ω。

例 1-4　图 1-22（a）为电压表的测量电路，电压表量程为 300V（即测量范围是 0～300V），它的内阻是 40kΩ。用它测量电压时，允许流过的最大电流是多少？

解：根据题意，可将图 1-22（a）看成图 1-22（b）所示电路。由于电压表的内阻

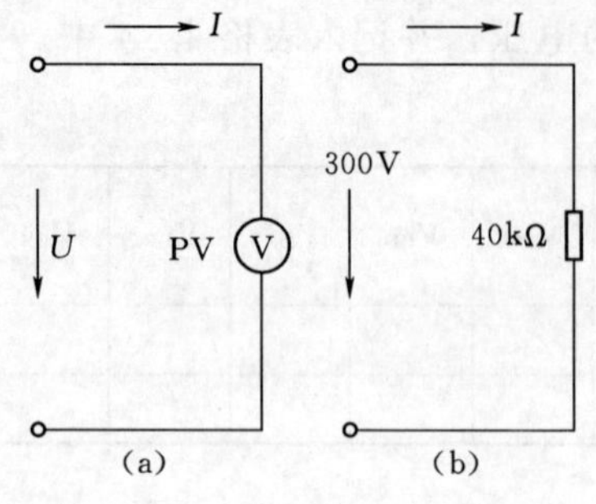

图 1-22　例 1-4 电路图

是一定值，它所测量的电压越大，通过电压表的电流也就越大，因此，被测电压是 300V 时，流过电压表的电流最大，即为

$$I=\frac{U}{R}=\frac{300}{40\times10^3}=0.0075(\text{A})=7.5(\text{mA})$$

答：流过电压表的最大电流为 7.5mA。

二、线性电阻的电流电压关系

通常所遇到的大多数电阻元件，其阻值 R 可以认为是不变的常数，即 R 值与所加电压及通过它的电流大小与方向均无关。假设一电阻 $R=10\Omega$，则由欧姆定律得：$U=10I$。由此可知，这时电压 U 与电流 I 之间是线性关系。

如果用沿水平方向的横坐标表示电压 U，沿垂直方向的纵坐标表示电流 I，则可根据表达式 $U=10I$ 作曲线图，如图 1-23 所示，这是一条直线。这种电压与电流之间总是具有直线关系的电阻称为线性电阻。线性电阻是一种线性的电路元件，全部由线性元件构成的电路叫做线性电路。

在一般情况下，表示一个元件的电压与电流之间的关系曲线，称为元件的伏安特性曲线，图 1-23 即为线性电阻的伏安特性曲线。

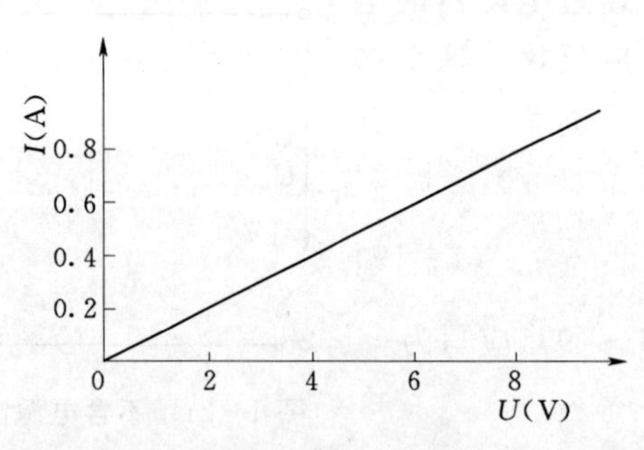

图 1-23　线性电阻的伏安特性曲线

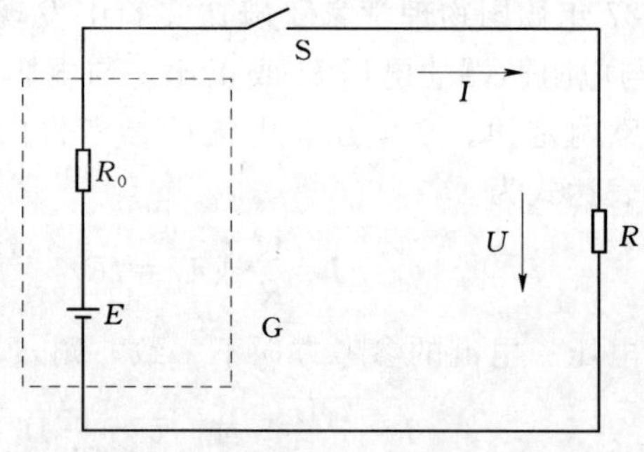

图 1-24　全电路

三、全电路欧姆定律

全电路是指含有电源的闭合电路，如图 1-24 所示。图中的虚线框内代表一个电源，用字母 G 表示。电源的内部一般都是有电阻的，此电阻称为内电阻（以下称电阻），用 R_0 表示。为了分析方便，通常在电路图上将 R_0 单独画出；也可以不单独画出，只在电源符号的旁边注明内阻的数值。

当开关 S 闭合时，负载 R 上就有电流流过，这是因为电阻两端有了电压 U 的缘故。电压 U 是电动势 E 产生的，它既是电阻两端的电压，又是电源的端电压。

下面讨论 E 与 U 的关系。开关 S 断开时，电源的端电压在数值上等于电源的电动势（方向是相反的）。当 S 闭合后，如果用电压表测量电阻两端的电压便会发现，所测数值比开路电压小，或者说，闭合电路中电源的端电压小于电源的电动势，这是为什么呢？这是因为电流流过电源内部时，在内阻上产生了电压降，$U_0=IR_0$。可见电路闭合时端电压 U

应该等于电源电动势减去电源内部压降 U_0，即

$$U=E-U_0$$

把 $U_0=IR_0$ 和 $U=IR$ 代入上式可得

$$I=\frac{E}{R+R_0} \tag{1-20}$$

知识二　基尔霍夫定律

一、关于电路结构的几个名词

（1）支路：电路中通过同一电流的每一个分支叫支路。

（2）节点：3 条或 3 条以上支路的连接点叫节点。

（3）回路：电路中任意闭合路径叫回路。

（4）网孔：内部没有跨接支路的回路叫网孔。

图 1-25 中，支路有 6 条，节点有 a、b、c、d 4 个，回路有 8 个，网孔有 3 个。

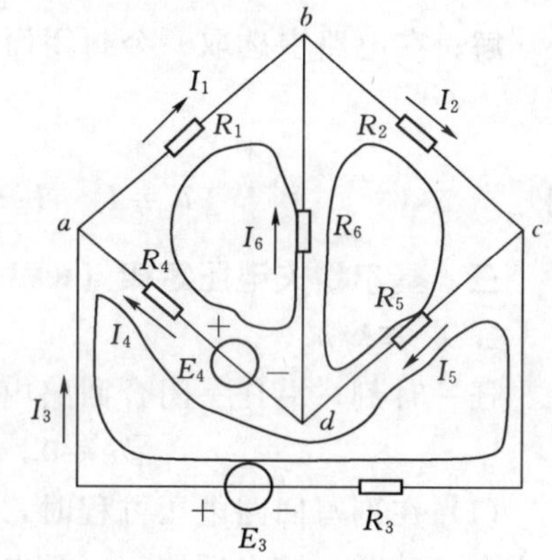

图 1-25　基尔霍夫定律

二、基尔霍夫电流定律（KCL）

1. 基本知识

任一时刻，流入电路中任一节点的电流之和等于该流出节点的电流之和，即

$\sum i_{入}=\sum i_{出}$　或　$\sum I_{入}=\sum I_{出}$　（节点电流方程）

（1）需要注意的是，KCL 中所提到的电流的“流入”与“流出”，均以电流的参考方向为准，而不考虑其实际方向。流入节点的电流是指电流的参考方向指向该节点；流出节点的电流是指参考方向背离该节点。

（2）KCL 可改写为 $\sum I=0$，即：对电路任一节点而言，电流的代数和恒等于零。

例 1-5　图 1-26 所示电路中，已知 $I_1=1\text{A}$，$I_2=2\text{A}$，$I_5=3\text{A}$，求该电路的未知电流。

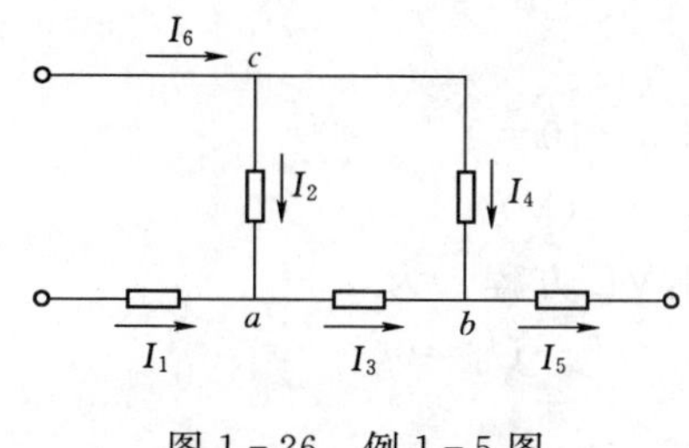

图 1-26　例 1-5 图

解： 由 KCL 定律：

对于节点 a，有

$$I_3=I_1+I_2=1+2=3(\text{A})$$

对于节点 b，有

$$I_5=I_3+I_4$$

所以

$$I_4=I_5-I_3=3-3=0(\text{A})$$

对于节点 c，有

$$I_6=I_2+I_4=2+0=2(\text{A})$$

2. KCL 的推广

KCL 不仅适用于电路中的任一节点，还可推广应用于电路中任意假定的闭合曲面，

如图 1-27 所示。

例 1-6　已知 $I_1=5A$、$I_6=3A$、$I_7=-8A$、$I_5=9A$，试计算图 1-28 所示电路中的电流 I_8。

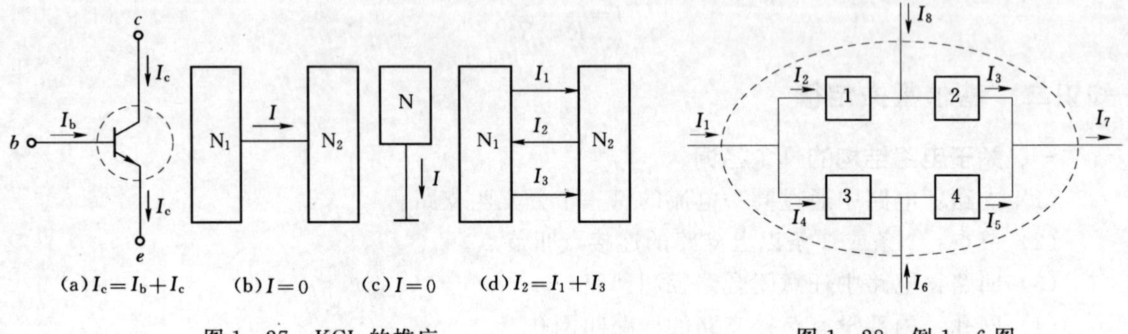

图 1-27　KCL 的推广　　　　图 1-28　例 1-6 图

解： 在电路中选取一个封闭面，如图中虚线所示，根据 KCL 定律可知

$$I_1+I_6+I_8=I_7$$

则
$$I_8=I_7-I_1-I_6+I_7=-8-5-3=-16\ (A)$$

三、基尔霍夫电压定律（KVL）

1. 基本知识

任一时刻，沿任一闭合回路内各段电压的代数和恒等于零，即

$$\sum u=0 \quad 或 \quad \sum U=0 \quad （回路电压方程）$$

（1）在列写回路电压方程时，首先应选定回路的绕行方向。凡电压参考方向与回路绕行方向一致时，该电压取正；凡电压参考方向与回路绕行方向相反时，该电压取负。

（2）KVL 不管是线性电路还是非线性电路，定律都适应。

（3）如果回路为一单回路，通常选回路的绕行方向与回路的电流的参考方向一致。

例 1-7　在图 1-29 的电路中，已知 $U_1=1V$，$U_2=-2V$，$U_3=3V$，试求 U_4。

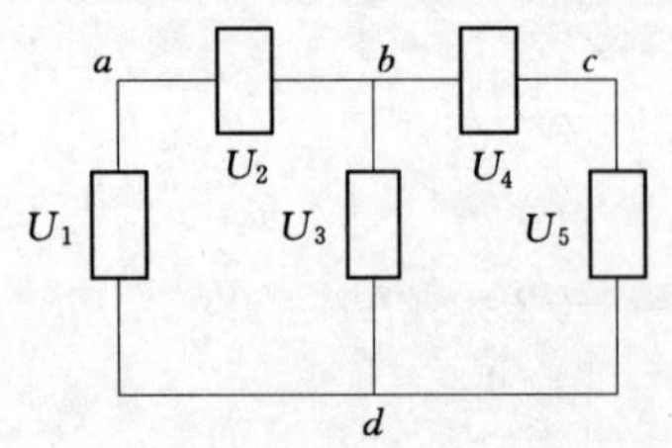

图 1-29　例 1-7 图

解： 对回路 *abda* 列写 KVL 方程为

$$U_2+U_3-U_1=0$$

代入已知数据

$$U_2+6-10=0$$
$$U_2=4\ (V)$$

再对回路 *abcda* 列写 KVL 方程，为

$$U_2+U_4+U_5-U_1=0$$

代入已知数据

$$4+U_4+8-10=0$$
$$U_4=-2(V)$$

也可以对回路 *bcdb* 列写 KVL 方程来求出 U_4。

2. KVL 的推广

KCL 不仅适用于闭合回路，还可推广应用于电路中的任意不闭合回路，但列写回路电压方程时，必须将开路处电压列入方程。

图 1-30 所示为某电路中的一部分，路径 a、f、c、b 并未构成回路，选定图中所示的回路“绕行方向”，对假象的回路 $afcba$ 列写 KVL 方程有

$$-U_4-U_{ab}+U_5=0$$

则
$$U_{ab}=U_5-U_4$$

由此可见：电路中 a、b 两点的电压 U_{ab} 等于以 a 为原点、以 b 为终点，沿任一路径绕行方向上各段电压的代数和。其中，a、b 可以是某一元件或一条支路的两端，也可以是电路中的任意两点。

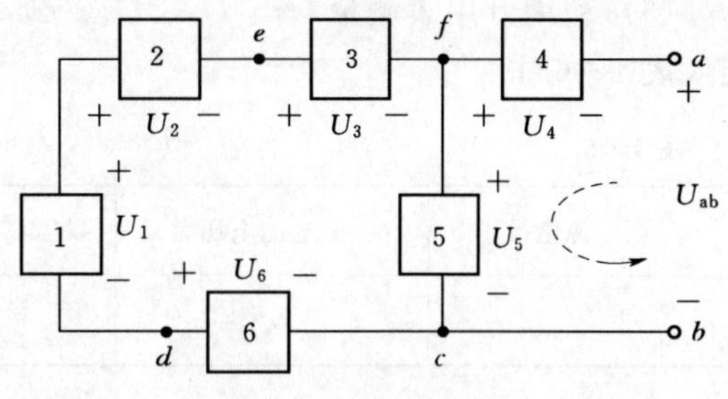

图 1-30　KVL 推广

实验三　基尔霍夫定律的验证

一、实验目的

（1）验证基尔霍夫电流定律和电压定律，加深对基尔霍夫定律的理解。

（2）加深对参考方向的理解。

二、实验器材

（1）直流稳压电源　　1 台

（2）1 号干电池　　2 节

（3）电阻　　若干

（4）MF—47 型万用表　　1 块

（5）导线　　若干

三、实验电路

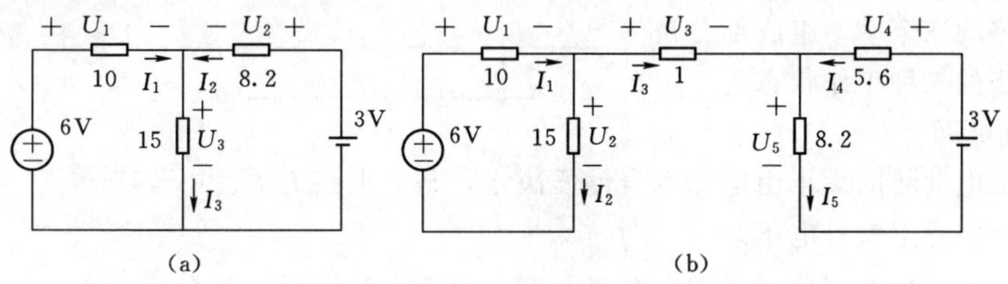

图 1-31　实验电路图

四、实验步骤

（1）按 1-31（a）电路图接好电路，稳压电源电压调为 6V 输出。

（2）利用万用表测量 U_1、U_2、U_3 及 6V 稳压电源电压和电池 3V 电压，并记入表 1-5 中。

表 1-5

稳压电源电压	干电池电压	U_1	U_2	U_3	I_1	I_2	I_3

（3）利用万用表测量 I_1、I_2、I_3，并记入表 1－5 中。

（4）按图 1－31（b）电路图接好电路，稳压电源电压调为 6V 输出。

（5）利用万用表测量 U_1、U_2、U_3、U_4、U_5 及 6V 稳压电源电压和电池 3V 电压，并记入表 1－6 中。

表 1－6

稳压电源电压	干电池电压	U_1	U_2	U_3	U_4	U_5	I_1	I_2	I_3	I_4	I_5

（6）利用万用表测量 I_1、I_2、I_3、I_4、I_5，并记入表 1－6 中。

五、数据分析

（1）分析是否符合基尔霍夫定律。

（2）分析实验误差产生的原因。

巩 固 与 练 习

一、填空题

1. 电路中电流的实际方向是指________电荷移动的方向；电压的实际方向规定为从________电位点指向________电位点；电动势的实际方向规定为从________电位点指向________电位点。

2. 电动势的实际方向是由________，它与电源电端电压的实际方向________，当电源开路时，它的端电压________它的电动势。

3. 在电路的任一节点处，流进电流的和等于________电流的和，即节点处各支路电流的________等于零。

4. 电路的三个基本组成部分是________、________、________。

5. 电路的三种工作状态是________、________、________。

二、判断题

1. 电源电动势的大小由电源本身性质决定，与外电路无关。（　　）

2. 电位实际上就是电压。（　　）

3. 电路中某点电位值与参考点有关，而任意两点间的电压与参考点无关。（　　）

4. 电流、电压的参考方向可任意选取，但两者的参考方向是一致的。（　　）

5. 任一瞬间流入节点电流的代数和恒等于零。（　　）

6. 电路中允许电源短路。（　　）

7. 电源电动势的大小由电源本身的性质决定，与外电路无关。（　　）

8. “220V、60W”的荧光灯能在 110V 的电源上正常工作。（　　）

9. 由公式 $R=\dfrac{U}{I}$ 可知，电阻的大小与两端的电压和通过它的电流有关。（　　）

10. 导体中电流的方向与电子流的方向一致。（　　）

三、选择题

1. 任一电路的任一节点上，流入节点电流的代数和等于（　　）。

A. 零　　B. 一　　C. 不一定

2. 电路中两点间电压的大小是（　　）的量。

A. 绝对　　B. 相对　　C. 常量

3. 一个五色环电阻器，其色环颜色依次为黄、紫、黑、棕、棕，则其标称阻值和允许误差为（　　）。

A. 47Ω，±1%　　B. 47kΩ，±1%

C. 4.7kΩ，±1%　　D. 470Ω，±1%

4. 以下叙述不正确的是（　　）。

A. 电压和电位的单位都是 V

B. 电压是两点间的电位差，它是相对值

C. 电位是某点与参考点之间的电压

D. 电位是相对值，会随着参考点的改变而改变

5. 使用指针或万用表测 10kΩ 电阻器的阻值，指位与量程选择开关选择（　　）比较合适。

A. R×10 档　　B. R×100 档

C. R×1 档　　D. R×1k 档

四、计算题

1. 如图 1-32 所示按给定的电压、电流参考方向，求出元件端电压 U_{ab} 的值。

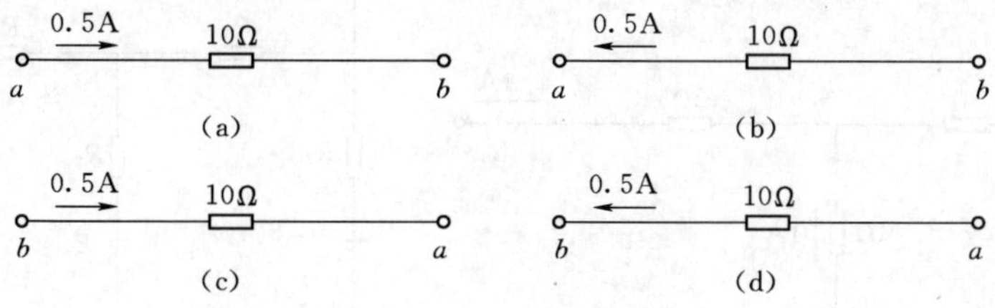

图 1-32　计算题 1 图

2. 现有两只灯泡，它们的额定值分别为 220V、100W 和 220V、60W，问哪一个灯光的电阻大？

3. 一个“220V、1kW”的电炉，正常工作时电流多大？如果不考虑温度对电阻的影响，把它接到 110V 的电压上，它的功率是多少？

4. 有一个标有 220V、40W 的灯泡，其电阻是多少？

5. 有一个标有 10Ω、20W 的电阻器，使用时允许的最大工作电压是多少？允许的最大工作电流是多少？如果接到最大工作电压上工作 1min 后，消耗了多少电能？

6. 某家庭有 60W 灯泡两个，25W 灯泡两个，80W 电视机一台，灯泡每天平均使用 3h，电视机每天平均使用 4h，如果每月为 30 天，电费为 0.60 元/kWh，则每月应交多少电费？

7. 如图 1-33 所示，给定电压和电流的参考方向，计算元件的功率，并说明元件是

作负载而不是作电源。

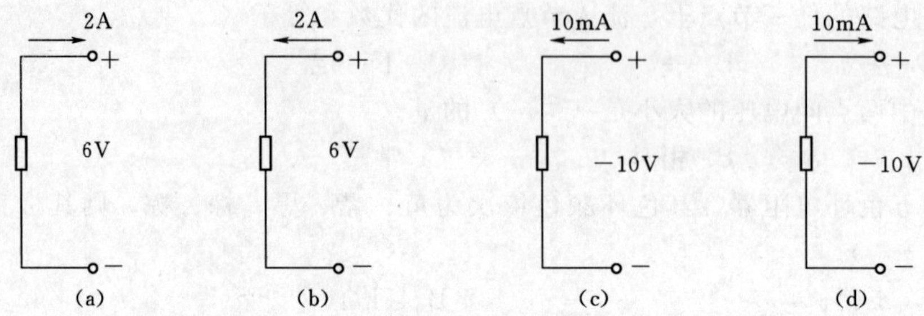

图 1-33 计算题 7 图

8. 求图 1-34 所示各段的电压 U_{ab}。

图 1-34 计算题 8 图

9. 求图 1-35 所示电路中电压 U_{ab}，U_{bc}，U_{ca}。

10. 在图 1-36 所示电路中，共有几个节点、几条支路、几个回路、几个网孔？自己标出支路电流的参考方向。根据 KVL 列出所有网孔的电压方程。

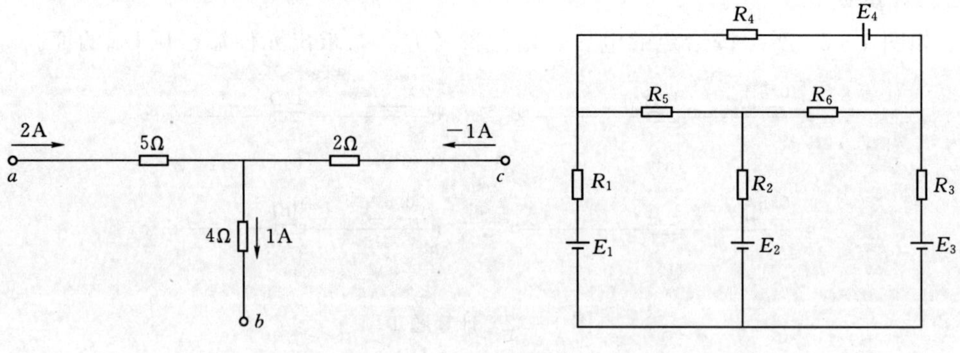

图 1-35 计算题 9 图　　图 1-36 计算题 10 图

11. 求图 1-37 所示（a）（b）电路中的 a、b 点电位和电压 U_{ab}。

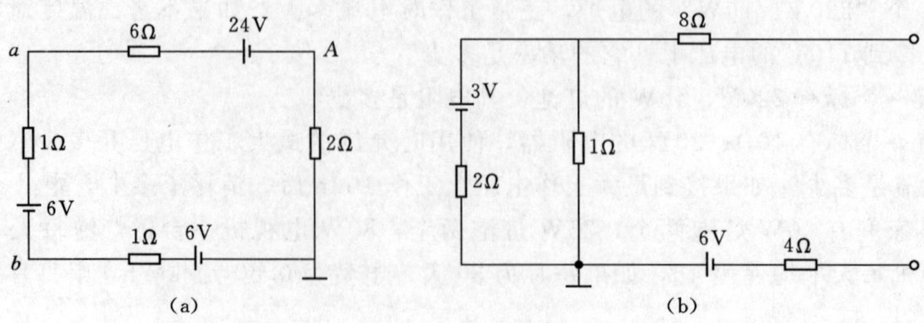

图 1-37 计算题 11 图

12. 求图 1－38 局部电路的 E、I 和 R。

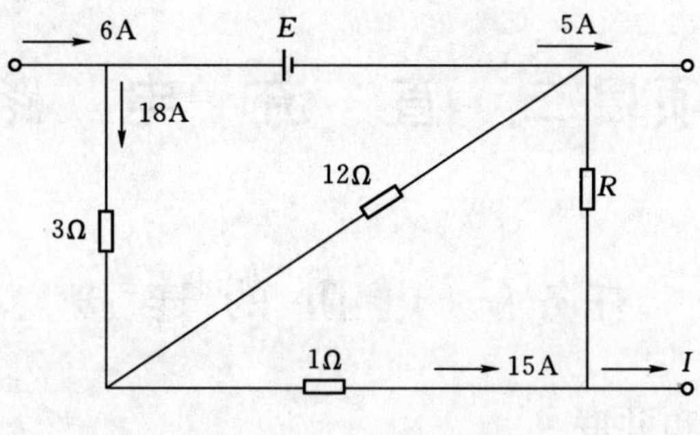

图 1－38　计算题 12 图

项目二 直 流 电 路

任务一 电 阻 的 连 接

知识一 电阻的串联和并联

接入电路中的用电器或电阻器有各种规格和阻值，使用时可根据需要将它们适当地连接，构成具有两个连接端的一个“组合电阻”，用一个等效的电阻来代替，其阻值叫做组合电阻的等效电阻（或总电阻）。电阻连接的基本方式有串联和并联两种。

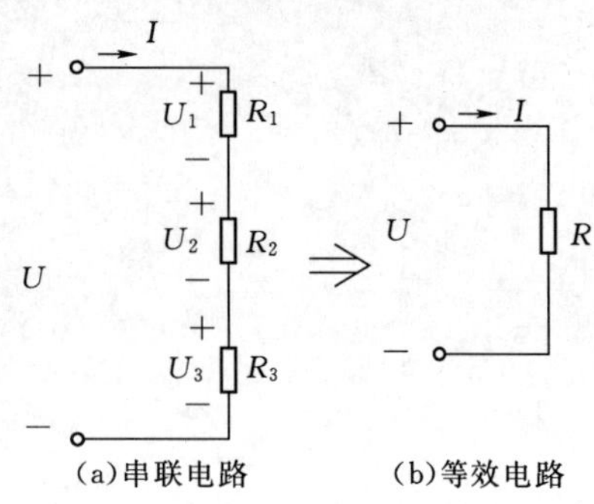

图 2-1 二端网络

一、二端网络

（1）二端网络概念：有两个端钮与其余部分连接的电路，如图 2-1（a）所示。

（2）二端网络分类：有源二端网络，网络中含有电源；无源二端网络，二端网络只由电阻组成，不含电源。

（3）等效电路：替代前后端口上的伏安特性一致（即对应的 U、I 相同）。如图 2-2（a）可以等效为图 2-1（b）所示的电路。

二、电阻的串联

电阻串联电路图如图 2-1（a）所示，其等效电路如图 2-1（b）所示。

电阻串联电路的特点：

（1）通过各电阻的电流相同，同为 I。

（2）总电压等于各电阻分电压之和，即 $U=U_1+U_2+U_3$。

（3）几个电阻串联的电路，可以用一个等效电阻 R 替代，即 $R=R_1+R_2+R_3$。

（4）分压公式：

$$U_1=R_1I=\frac{R_1}{R}U$$

$$U_2=R_2I=\frac{R_2}{R}U$$

（5）功率分配：各个电阻上消耗的功率之和等于等效电阻吸收的功率，即

$$P=P_1+P_2+P_3=R_1I^2+R_2I^2+R_3I^2=RI^2$$

电阻的串联常用于降压、限流、调节电压等。

三、电阻的并联

电阻并联电路图如图 2-2（a）所示，其等效电路如图 2-2（b）所示。

电阻并联电路的特点：

(1) 各电阻上电压相同。

(2) 各分支电流之和等于等效后的电流，即 $I=I_1+I_2+I_3$。

(3) 几个电阻并联后的电路，可以用一个等效电阻 R 替代，即

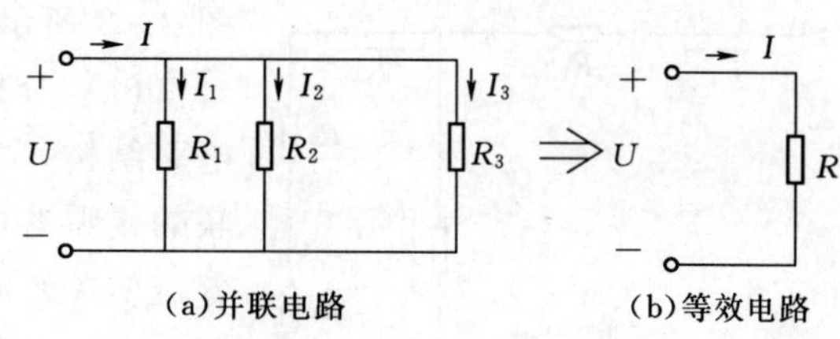

图 2-2 二端网络

$\frac{1}{R}=\frac{1}{R_1}+\frac{1}{R_2}+\frac{1}{R_3}$；$G=G_1+G_2+G_3$。

※ 两个电阻并联时

$$R=\frac{R_1R_2}{R_1+R_2}$$

(4) 分流公式：

$$I_1=\frac{R}{R_1}I=\frac{G_1}{G}I$$

$$I_2=\frac{R}{R_2}I=\frac{G_2}{G}I$$

※ 两电阻并联时的分流公式：

$$I_1=\frac{R_2}{R_1+R_2}I$$

$$I_2=\frac{R_1}{R_1+R_2}I$$

(5) 功率分配：

$$P=P_1+P_2+P_3=\frac{U^2}{R_1}+\frac{U^2}{R_2}+\frac{U^2}{R_3}=\frac{U^2}{R}$$

注意：负载增加，是指并联的电阻越多，R 越小，电源供给的电流和功率增加了。

电阻并联常用于分流、调节电流等。

例 2-1 有 3 盏电灯并联接在 110V 电源上，U_N 分别为 110V、100W，110V、60W，110V、40W，求 $P_总$ 和 $I_总$ 以及通过各灯泡的电流、等效电阻和各灯泡电阻。

解： $P_总=P_1+P_2+P_3=100+60+40=200$ (W)；

$I_总=\frac{P_总}{U}=\frac{200}{110}=1.82(A)$

$I_1=\frac{100}{110}=0.91$ (A)，$I_2=\frac{60}{110}=0.545$ (A)，$I_3=\frac{40}{110}=0.364$ (A)

$R=\frac{U^2}{P_总}=\frac{110^2}{200}=60.5(\Omega)$ 或 $R=\frac{U}{I}=\frac{110}{1.82}=60.4(\Omega)$

$R_1=\frac{U^2}{P_1}=\frac{110^2}{100}=121(\Omega)$，$R^2=\frac{U^2}{P_2}=\frac{110^2}{60}=201(\Omega)$，$R^3=\frac{U^2}{P_3}=\frac{110^2}{40}=302(\Omega)$

知识二 电阻混联

实际应用中经常会遇到既有电阻串联又有电阻并联的电路，称为电阻的混联电路，如

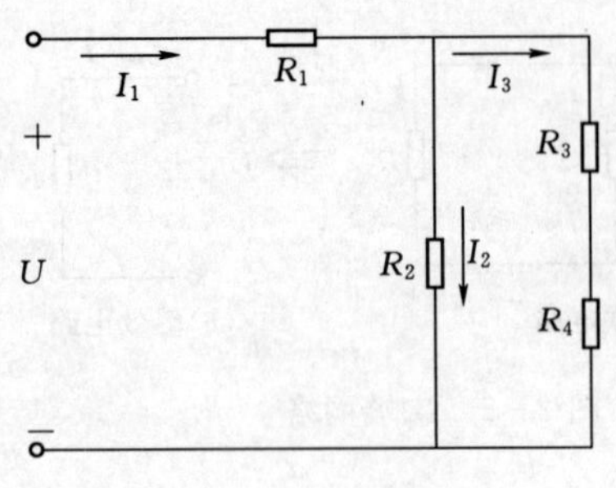

图 2-3　电阻混联电路

图 2-3 所示。

(1) 分析方法：求解电阻的混联电路时，首先应从电路结构，根据电阻串并联的特征，分清哪些电阻是串联的，哪些电阻是并联的，然后应用欧姆定律、分压和分流的关系求解。

(2) 分析步骤：

1) 先画出两个引入端钮；

2) 再标出中间的连接点，应注意凡是等电位点用同一符号标出。

例 2-2　已知图 2-4 (a) 中，$U_{AB}=6V$，$R_1=1\Omega$，$R_2=2\Omega$，$R_3=3\Omega$，当开关 S_1、S_2 同时开或同时合上时，求 $R_总$ 和 $I_总$。

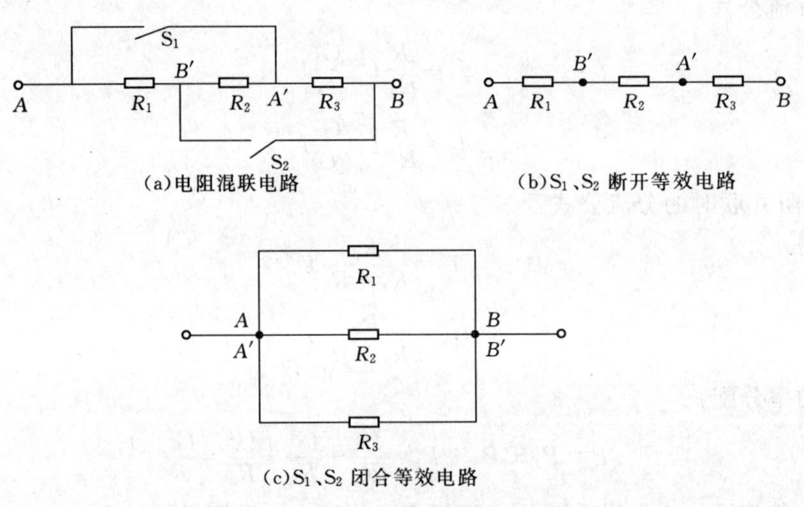

图 2-4　例 2-2 图

解： 当开关 S_1、S_2 同时开时，其等效电路如图 2-4 (b) 所示，相当于三个电阻在串联，则

$$R_总=R_1+R_2+R_3=6(\Omega)$$

$$I_总=\frac{U_总}{R_总}=\frac{6}{6}=1\ (A)$$

当开关 S_1、S_2 同时闭合时，其等效电路图如图 2-4 (c) 所示，相当于三个电阻并联，则

$$R_总=R_1//R_2//R_3=\frac{6}{11}\ (\Omega)$$

$$I_总=\frac{U_总}{R_总}=\frac{6}{\frac{6}{11}}=11\ (A)$$

例 2-3　实验室的电源 U 为 110V，需要对某一负载 $R_3=100\Omega$ 进行测试，测试电压 U_2 分别为 50V，现选用 120Ω、1.5A 的滑线变阻器作为分压器，问每次滑动触点应在何位

置？此变阻器是否适用？

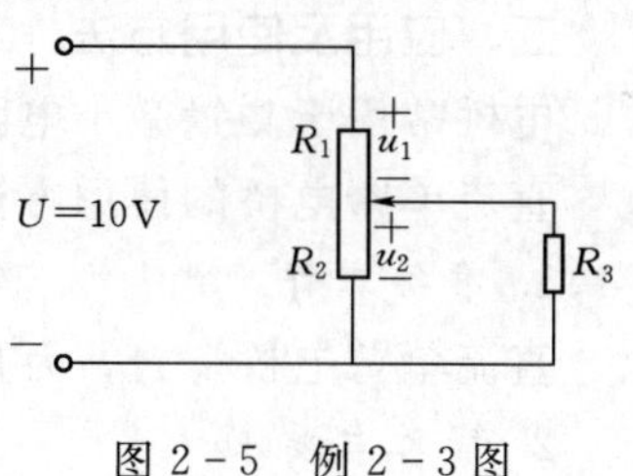

图 2-5　例 2-3 图

解： 已知：$R_1+R_2=120$，$R_3=100\Omega$

当 $U_2=50V$ 时，$\frac{110-50}{R_1}=\frac{50}{R_2}+\frac{50}{100}\Rightarrow\frac{60}{120-R_2}=\frac{50}{R_2}+0.5$

$\Rightarrow 0.5R_1^2+50R_2-6000=0$

$\therefore$ $R_2=70.4\ (\Omega)$，$R_1=49.6(\Omega)$

$I_1=\frac{50}{70.4}=0.71(A)$，$I_2=\frac{50}{49.6}=1.21(A)<1.5A\Rightarrow$此变阻器适用。

当 $U_2=70V$ 时，$\frac{40}{R_1}=\frac{70}{R_2}+\frac{70}{100}\Rightarrow\frac{40}{120-R_2}=\frac{70}{R_2}+0.7$

$\Rightarrow R_2=92.5\Omega$，$R_1=27.5\Omega$

$I_2=\frac{70}{92.5}=0.757(A)$，$I_1=\frac{70}{27.5}=1.46(A)<1.5A\Rightarrow$此变阻器适用。

但当 $U_2>70V$ 时，I_2 可能就要大于 1.5A，就不再适用了。

知识三　电桥电路

一、电桥电路

图 2-6 的电路中，四个电阻 R_1、R_2、R_3、R_4 连成一个四边形，对角 a、c 接直流电压 U，对角 b、d 之间接入一检流计 G，bd 支路称作“桥”，四个电阻支路称为“桥臂”，这种电路就是直流单臂电桥，也叫做惠斯登电桥，是电工测量技术中常用的精密仪器。

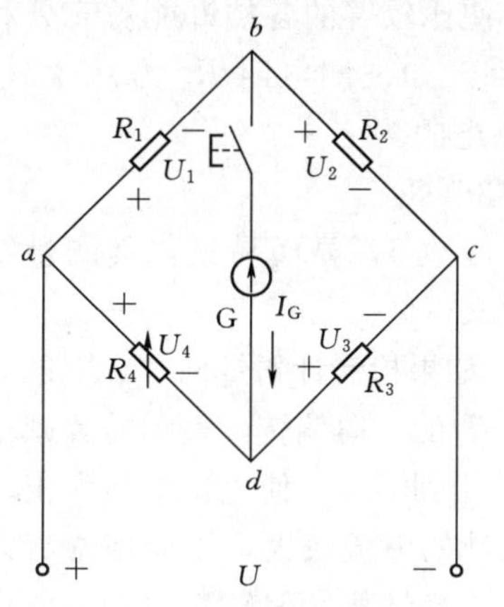

图 2-6　直流单臂电桥

当检流计支路断开时，R_1 与 R_2 串联，R_3 与 R_4 串联。

对角 b、d 之间的电压

$$U_{bd}=U_2-U_3$$

或

$$U_{bd}=-U_1+U_4$$

若

$$U_2=U_3 \text{ 或 } U_1=U_4$$

则

$$U_{bd}=0$$

在这种情况下，即使合上检流计支路的按钮开关，检流计中也无电流通过，检流计的指针指零，称为电桥平衡。

由于电桥平衡时，有

$$U_2=U_3,\ U_1=U_4$$

根据电阻串联分压与电阻成正比，则有

$$U_2/U_1=U_3/U_4$$

$$R_2/R_1=R_3/R_4$$

可得平衡时四个电阻之间的关系为

$$R_1R_3=R_2R_4$$

上式即为电桥平衡的条件。电桥平衡与外加电压无关，而仅取决于四个桥臂电阻的相互关系。即电桥平衡时，相邻桥臂电阻成比例，或相对桥臂电阻的乘积相等。

二、应用及使用方法

电桥常用于测量微小电阻，构成直流单臂电桥等。

直流单臂电桥的使用方法如下所述。

1. 准备工作

直流单臂电桥一台，万用表一块，被测电阻一只。

2. 操作与要求

（1）用万用表估测被测电阻的阻值范围。

（2）根据估计的数值和要求的准确度选择电桥。

（3）根据电桥使用说明的要求，选择各桥臂的适当数值及工作电源电压。如果电源电压低于规定值，将影响电桥的灵敏度；若电源电压高于规定值，则可能烧坏桥臂电阻。为避免发生上述事故，通常在电源回路中串接一只可调电阻，调整电压为规定值。如果需要外接直流电源，应按说明书要求选择，一般直流电桥的电源电压为2～4V。

（4）当需要外接检流计时，所选择检流计的灵敏度要适宜。检流计的灵敏度过大，会使电桥平衡困难，调整费时；灵敏度过低，又不能达到应有的测量精度。因此，所选择的检流计在调节电桥最低一档时，只要指针有明显变化即可。

（5）在使用电桥时，应先将检流计锁扣打开，并调节调零器，将指针调至零位。

（6）连接线路，将被测电阻 R_x 接到标有 R_x 的接线柱上。如果为外接电源，则电源的正极应接电桥的“+”端钮，电源的负极接“-”端钮。接线应选择较粗较短的导线，并将接头拧紧，因为接头接触不良，会使电桥的平衡不稳定，甚至损坏检流计。

（7）估计被测电阻的大小，选择适当的比例臂的比率。如果事前对被测电阻阻值心中无数，可选较大的桥臂比率，然后根据所选用电桥的可读有效数字再做相应的减小，这样可防止因电桥极不平衡而损坏检流计。选择桥臂比率时，应使比较臂的各档都能被充分利用，以使电桥易于调到平衡，并能保证测量结果的有效数字。如被测电阻 R_x 为几欧时，应选用0.001的比率，这时比较臂的读数若为5436，则被测电阻为

$$R_x=(R_2/R_3)R_4=0.001\times5436=5.436(\Omega)$$

如果桥臂比率选择1，当电桥平衡时，桥臂电阻只能读到一位数5，显而易见，其测量结果是不能令人满意的。因为误差很大，失去了精确测量的意义。

（8）测量时，先接通电源按钮，然后再接通检流计按钮。如果检流计指针向“+”的方向偏转，表示需要增大比较臂的电阻；如果检流计指针向“-”的方向偏转，表示需要减小比较臂的电阻。如此反复调节比较臂的电阻，直到检流计指针指到零位，使电桥平衡为止。

在调节过程中，在电桥尚未接近平衡状态前，通过检流计的电流较大，不应使检流计按钮旋紧，只能在每次调节时短时按下，观察平衡状况。当检流计指针偏转不大时，方可旋紧按钮进行反复调节。

知识四 电阻的星形和三角形连接的等效变换

一、电阻星形和三角形连接的特点

星形连接或T形连接，用符号Y表示，其特点是三个电阻的一端连接在一个结点上，成放射状；三角形连接或π形连接，用符号Δ表示。

二、电阻星形和三角形变换图

星形变换成三角形如图 2－7（a）所示，三角形连接变换成星形如图 2－7（b）所示。

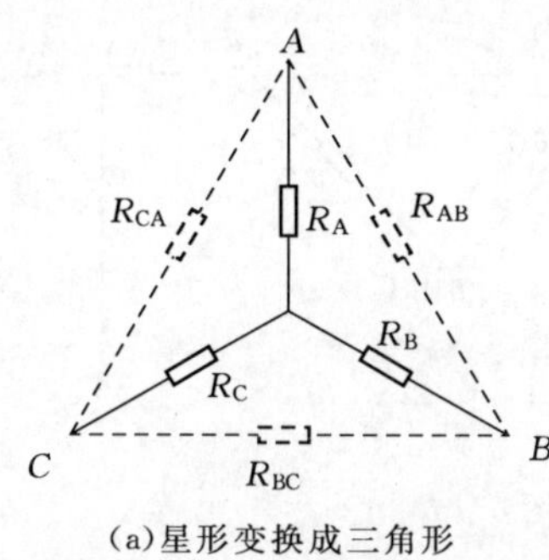

(a)星形变换成三角形

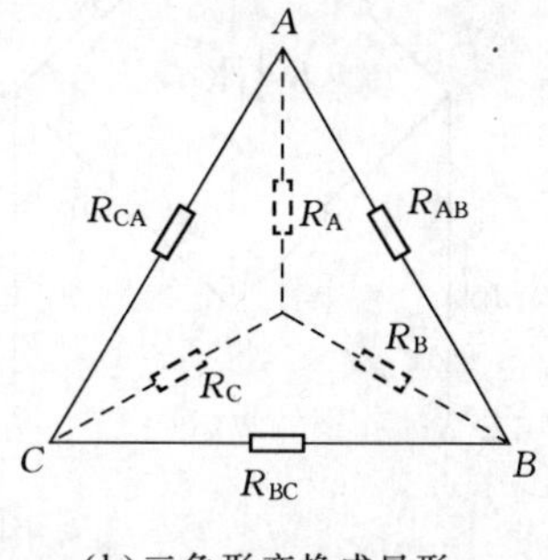

(b)三角形变换成星形

图 2－7　变换图

三、等效变换的条件

要求变换前后，对于外部电路而言，流入（出）对应端子的电流以及各端子之间的电压必须完全相同。

四、等效变换关系

（1）已知星形连接的电阻 R_A、R_B、R_C，求等效三角形电阻 R_{AB}、R_{BC}、R_{CA}。

$$R_{AB}=R_A+R_B+\frac{R_A+R_B}{R_C}$$

$$R_{BC}=R_B+R_C+\frac{R_BR_C}{R_A}$$

$$R_{CA}=R_C+R_A+\frac{R_CR_A}{R_B}$$

公式特征：$R_\Delta=\frac{\text{星形电阻两两乘积之和}}{\text{星形连接对面的电阻}}$

（2）已知三角形连接的电阻 R_{AB}、R_{BC}、R_{CA}，求等效星形电阻 R_A、R_B、R_C。

$$R_A=\frac{R_{AB}R_{CA}}{R_{AB}+R_{BC}+R_{CA}}$$

$$R_B=\frac{R_{BC}R_{AB}}{R_{AB}+R_{BC}+R_{CA}}$$

$$R_C=\frac{R_{CA}R_{BC}}{R_{AB}+R_{BC}+R_{CA}}$$

公式特征：$R_Y=\frac{\text{三角形相邻两电阻的乘积}}{\text{三角形电阻之和}}$

（3）特殊情况：当三角形（星形）连接的三个电阻阻值都相等时，变换后的三个阻值也应相等，即

$$R_\Delta=3R_Y$$

$$R_Y=\frac{1}{3}R_\Delta$$

例 2－4　计算图 2－8（a）所示桥式电路中的电流 I 和 I_{ab}。

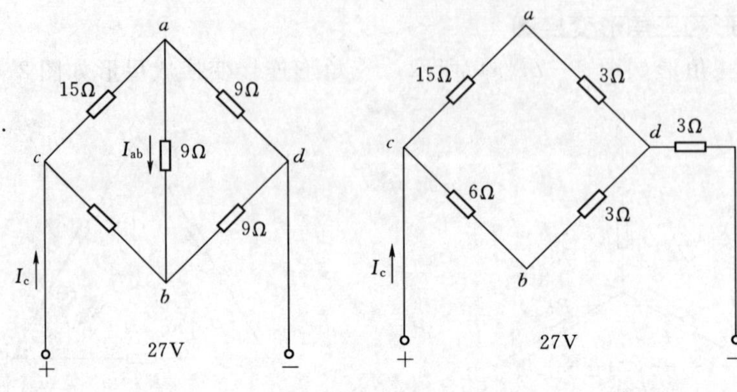

图 2-8　例 2-4 图

解：图 2-8（a）电路中的 5 个电阻，既不是串联，也不是并联，不能用串并联等效变换的方法化简。从图中可以看出 abd 之间三个 9Ω 电阻构成 Δ 连接，如果变换为 Y 连接，如图 2-8（b）所示电路。这样各个电阻的串、并联关系很明确，可以进行等效化简。

由此可知

$$R_Y=\frac{1}{3}R_\Delta=\frac{9}{3}=3(\Omega)$$

c、d 间的等效电阻

$$R_{cd}=(15+3)//(6+3)+3=9(\Omega)$$

电路总电流

$$I=\frac{U_{cd}}{R_{cd}}=\frac{27}{9}=3(A)$$

由分流公式求出分支 ca 和 cb 电流

$$I_{ca}=\frac{9}{18+9}\times 3=1(A)$$

$$I_{cb}=\frac{18}{18+9}\times 3=2(A)$$

由此得出图 2-8（a）中 a、b 两点间电压

$$U_{ab}=U_{ac}+U_{cb}=-15I_{ca}+6I_{cb}=-15\times 1-6\times 2=-3V$$

故

$$I_{ab}=\frac{U_{ab}}{9}=-\frac{1}{3}A$$

Y—Δ 等效变换除了用于化简复杂的电阻电路，还在三相交流电路的分析和计算中经常用到。

知识五　电能输送与负载获得最大功率

一、功率分配

以最简单的电路模型为例：

（1）电源输出功率：$P_{U_G}=U_S I$，$I\uparrow$ 则 $P_{U_S}\uparrow$，P_{U_S} 与 I 呈线性关系。

（2）R_i 消耗的功率：$P_{R_i}=I^2R_i$，P_{R_i} 与 I 的关系为一开口向上的抛物线。

（3）负载消耗的功率：$P_L=P_{U_S}-P_{R_i}=U_S I-R_i I^2$，$P_L$ 与 I 的关系为一开口向下的抛

物线。

二、负载获得最大功率的条件

$$P_L=\left(\frac{U_S}{R_i+R_L}\right)^2\times R_L=\frac{U_S^2}{\frac{(R_i+R_L)^2}{R_L}}=\frac{U_S^2}{\frac{(R_i-R_L)^2+4R_LR_i}{R_L}}=\frac{U_S^2}{\left(\frac{R_i}{R_L}-1\right)^2+4R_i}$$

当 $R_i=R_L$ 时，P_L 最大，

$$P_{LM}=\frac{U_S^2}{4R_i}$$

三、应用

如扩音机电路，希望扬声器能获得最大功率，则应选择扬声器的电阻等于扩音机的内阻，这称为电阻匹配。

例 2－5　有一台 40W 扩音机，其输出电阻为 8Ω，现有 8Ω、16W 低音扬声器两只，16Ω、20W 高音扬声器一只，问应如何接？扬声器为什么不能像电灯那样全部并联？

解：将两只 8Ω 扬声器串联再与 16Ω 扬声器并联，则

$$R_{并}=8\Omega，R_{总}=16\Omega$$

线路电流为

$$I=\sqrt{\frac{40}{8}}=\sqrt{5}(\mathrm{A})$$

$$U_S=16I=16\sqrt{5}(\mathrm{V})$$

则两个 8Ω 的扬声器消耗的功率为

$$P_1=\left(\frac{16}{32}\times I\right)^2\times 8=\frac{5}{4}\times 8=10(\mathrm{W})$$

16Ω 的扬声器消耗的功率为

$$P_3=\left(\frac{1}{2}I\right)^2\times 16=20(\mathrm{W})\Rightarrow P_L=40(\mathrm{W})$$

若全部并联，则 $R_{并}=8//8//16=4//16=3.2(\Omega)$，则 U_S 不变，电流变为

$$I'=\frac{U_S}{R+R_{并}}=\frac{16.5\sqrt{5}}{11.2}=1.43\sqrt{5}=3.2(\mathrm{A})>I$$

$$\Rightarrow P_3=\left(\frac{4}{20}\times\frac{16.5\sqrt{5}}{11.2}\right)^2\times 16=6.54(\mathrm{W})<20\mathrm{W}$$

$$P_1=8\times\left(\frac{3.2I'}{8}\right)^2=13.1(\mathrm{W})>10\mathrm{W}$$

∵　$R_L\neq R_i$，电阻不匹配，各扬声器上功率不按需要分配，会导致有些扬声器功率不足，有些扬声器超过额定功率，会被烧毁。

任务二　电压源、电流源及两种电源型的等效变换

知识一　电压源

一、理想电压源

实际电源（如电池）可以向外电路提供电压，如果它输出的两端电压不随外电路中的

电流变化而变化，保持定值，这样的电源称为理想电压源。其特点：

（1）内阻 $R_0=0$。

（2）输出电压是一定值，恒等于电动势。对直流电压，有 $U\equiv E$。

（3）恒压源中的电流由外电路决定。

理想电压源图形符号及外特性曲线如图 2-9 所示。

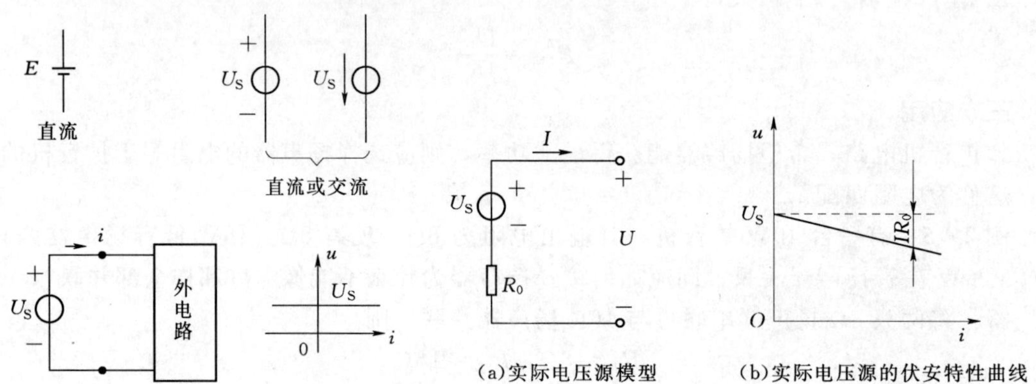

图 2-9　电压源图形符号及外特性曲线　　　图 2-10　实际电压源模型及伏安特性曲线

二、实际电压源

实际电压源总是有内阻的，内阻存在于电源的负极到正极的整个通电路径上。为了分析方便，实际电压源可以用一个理想电压源 U_S 与一个电阻 R_0 串联组来表示，这个由理想电压源和电阻的串联组合的电路称为实际电压源模型。实际电压源模型及伏安特性曲线如图 2-10 所示，可见电源输出的电压随负载电流的增加而下降。

知识二　电流源

一、理想电流源

实际电源也可以向外提供电流，如果向外提供的电流不随外电路的改变而改变，保持定值，则称为理想电流源。其特点：

（1）内阻 $R_0=\infty$。

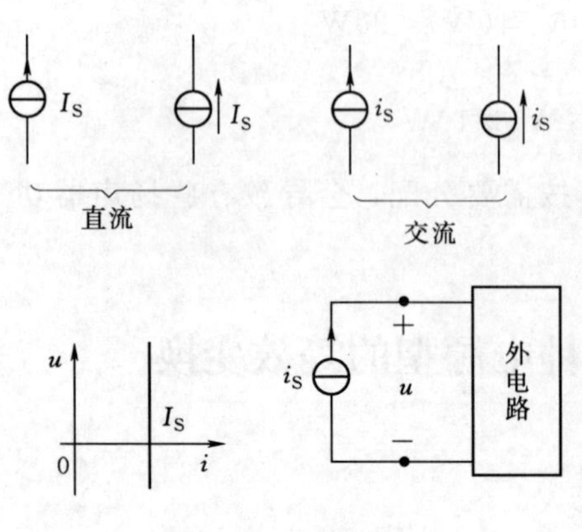

图 2-11　电流源

（2）输出电流是一定值，恒等于电流 I_S。

（3）恒流源两端的电压 U 由外电路决定。

理想电流源图形符号及外特性曲线如图 2-11 所示。

二、实际电流源

实际电流源内部也是有电阻的，因此，它输出的电流将随外电路的改变而改变，为了分析方便，实际电流源可以用一个理想电流源 I_S 与一个电阻 R_0 并联组合来表示，这个由理想电流源和电阻并联组合的电路称为实际电流源模型。实际电流源模型及伏安特性曲线如图 2-12 所示，可见电源输出的电流随负载电压的增加而减少。

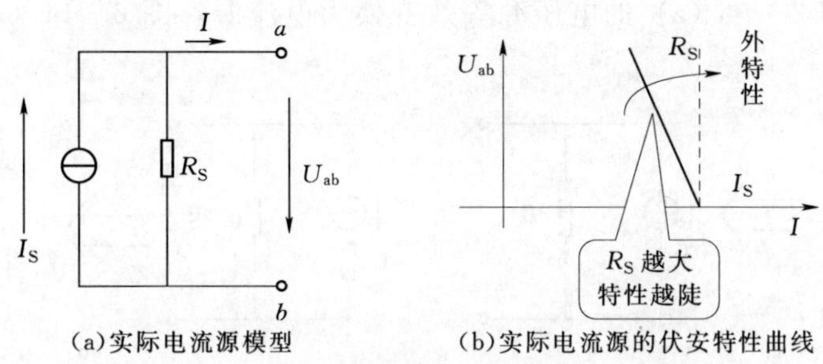

(a)实际电流源模型　(b)实际电流源的伏安特性曲线

图 2-12　实际电流源模型及伏安特性曲线

电流源实际上是不存在的，它只是一个理想化的电源元件。由于在实际中难以遇到类似电流源特性的装置，所以觉得电流源比电压源抽象得多。但是，如稳流源（一种电子装置）和光电池这样的电源，在一定的工作条件下，其特性接近于电流源，可以用电流源作为它们的模型。电流源与电阻的并联组合还成为一般实际电源的模型，为分析计算电路提供了一种新的方法。

电流源的电流不受外电路的任何影响，所以电流源也是一种独立电源。

知识三　两种电源模型的等效变换

实际电源有两种模型，一种是电压源模型，另一种是电流源模型。对外电路而言，它们可以等效互换，其等效变换图如图 2-13 所示。

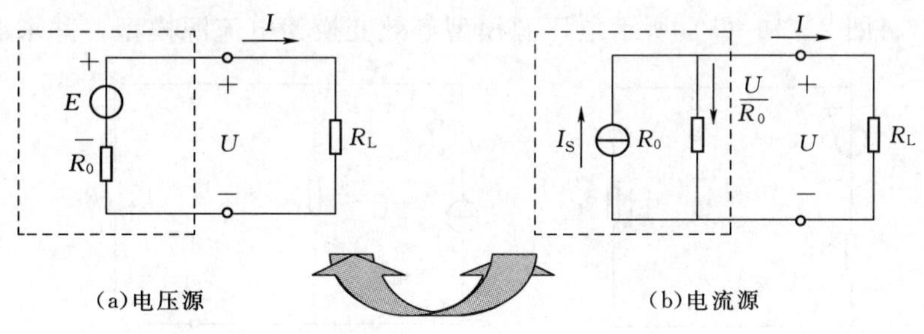

(a)电压源　(b)电流源

图 2-13　等效变换图

由图 2-13（a）：$U=E-IR_0$

由图 2-13（b）：$U=I_SR_0-\mathrm{I}R_0$

等效变换条件：$\begin{cases} E=I_SR_0 \\ I_S=\dfrac{E}{R_0} \end{cases}$

变换时应注意：

（1）两种模型的极性必须一致。即电流源流出电流的一端必须与电压源正极端相对应。

（2）在电压源模型中，内阻 R 与电压源串联；在电流源模型中，内阻 R 与电流源并联。

（3）电压源与电流源本身不能进行等效变换。

在等效变换时，并不一定限于内阻 R，只要是一个电压源与电阻 R 的串联组合，都可以等效变换为一个电流源与电阻 R 的并联组合。

例 2-6 将图 2-14（a）的电压源等效变换为电流源，图 2-14（b）中的电流源变换为电压源。

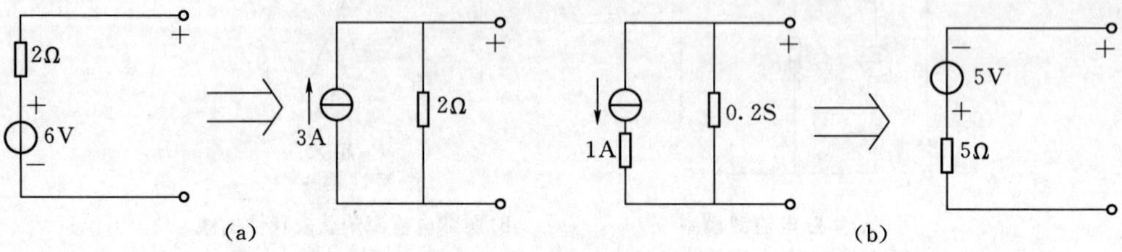

图 2-14 例 2-6 图

解：将图 2-14（a）电压源变换为电流源

$$I_S=\frac{E}{R_0}=\frac{6}{2}=3\ (\text{A})$$

将图 2-14（b）电流源变换为电压源

$$U_S=I_SR_0=\frac{I_S}{G_0}=\frac{1}{0.2}=5(\text{V})$$

在进行电源等效变换中要注意以下几点：

（1）电流源的电流方向与电压源的正极性端应保持一致。

（2）理想电压源与理想电流源不能变换。因为理想电压源的内阻 $R_0=0$，理想电流源的内阻 $R_0=\infty$，不存在等效变换的条件。换句话说，电源的等效变换必须要有电阻参加，不一定是电源的内阻，只要是与电压源串联的电阻或是与电流源并联的电阻都可参予变换。

例 2-7 将图 2-15（a）所示电压源模型等效变换为电流源模型，并求电流 I。

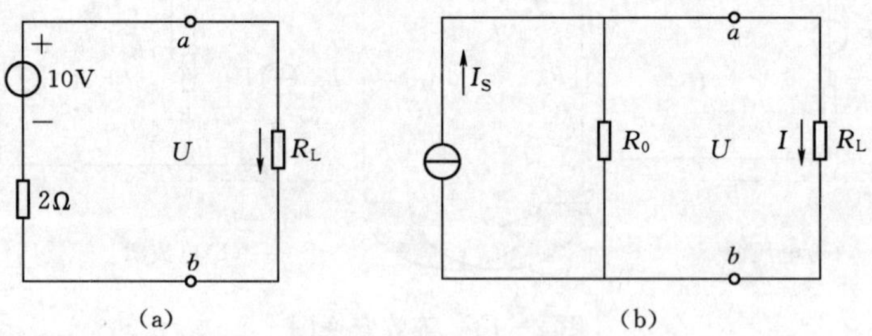

图 2-15 例 2-7 图

解：电流源模型如图 2-15（b）所示，其中 $R_0=2\Omega$，电流源电流为

$$I_S=\frac{U_S}{R_0}=\frac{10}{2}=5(\text{A})$$

由电压源模型可得

$$I=\frac{U_S}{R_0+R_L}=\frac{10}{2+3}=2(\text{A})$$

由电流源模型可得

$$I=\frac{R_0}{R_0+R_L}I_S=\frac{2}{2+3}\times 5=2(\text{A})$$

两种模型对提供的电流相等，说明他们对负载是等效的。

例 2-8　试用电压源与电流源等效变换的方法计算图 2-16（a）所示电路中 7Ω 电阻中的电流。

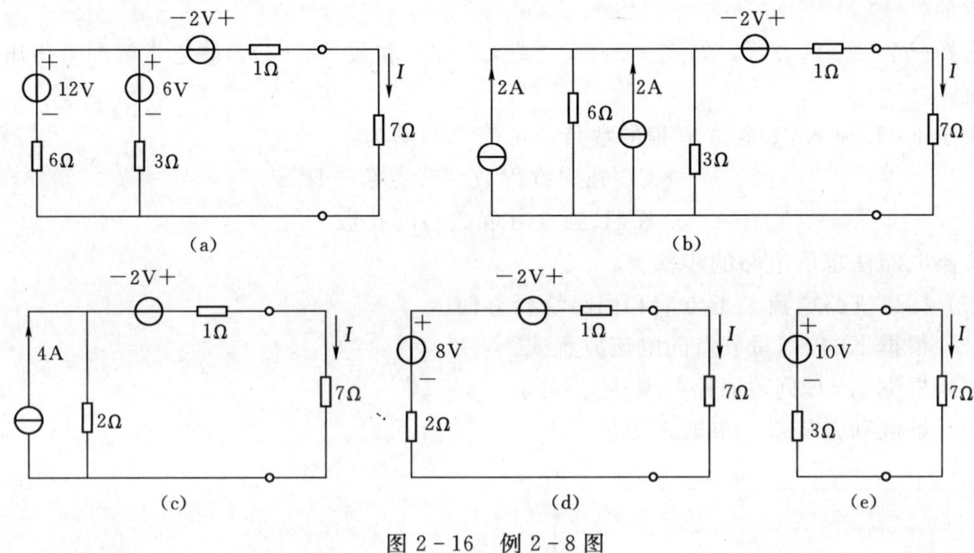

图 2-16　例 2-8 图

解： 应用电压源与电流源等效变换，逐次将图 2-16（a）的电路变换为图 2-16（e）的电路。由此计算

$$I=\frac{10}{3+7}=1(\mathrm{A})$$

任务三　复杂电路的分析方法

知识一　支路分析电流电压法

可以把电路分成简单电路和复杂电路两类。凡是能用电阻串、并联等效变换化简的电路，称为简单电路。凡是不能用电阻串、并联的方法化简的电路，称为复杂电路。支路法是解决复杂电路问题最基本的方法。这一方法是以支路电流为待求量，应用基尔霍夫两定律列出电路的方程式，从而求解支路电流的方法。

以图 2-17 所示电路来分析支路电流，假设图中电路的电压源和电阻已给定，任意选定三个支路电流的参考方向并标在图中。要求解这三个支路电流，需要列出三个独立的电路方程。

应用 KCL，对节点 a 和 b 列出电流方程为

节点 a　　$I_1+I_2=I_3$　　(2-1)

节点 b　　$I_3=I_1+I_2$

两个方程是一样的，说明只有一个方程是独立的。

应用 KVL，对三个回路列出电压方程为

左网孔　　$R_1I_1-U_{S1}+U_{S2}-R_2I_2=0$　　(2-2)

右网孔 $R_2I_2+R_3I_3-U_{S2}=0$ (2-3)

大回路 $R_1I_1-U_{S1}+R_3I_3=0$

将 KVL 列出的任意两个方程相加，可以得到第三个方程，说明三个方程中只有两个是独立的。

选择三个独立的方程，如式（2-1）、式（2-2）和式（2-3），联立求解即可得出各支路电流。

关于 KCL 和 KVL 独立方程的数目，可简单归纳为：

KCL 独立方程数＝节点数－1

KVL 独立方程数＝网孔数

支路电流法求解电路的步骤为：

（1）标出支路电流参考方向和回路绕行方向。

（2）根据 KCL 列写节点的电流方程式。

（3）根据 KVL 列写回路的电压方程式。

（4）解联列方程组，求取未知量。

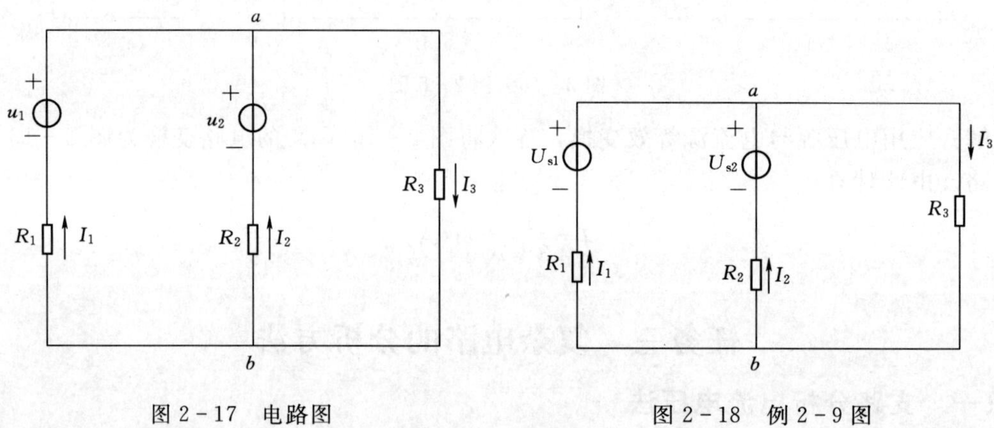

图 2-17 电路图　　图 2-18 例 2-9 图

例 2-9 如图 2-18 电路中，给定 $U_{S1}=10\text{V}$，$U_{S2}=8\text{V}$，$R_1=R_2=R_3=2\Omega$，试求各支路电流。

解： 按所选定的电流参考方向，可列得独立的 KCL 和 KVL 方程为

$$\left.\begin{aligned}I_1+I_2-I_3=0\\2I_1-2I_2=10-8\\2I_2+2I_3=8\end{aligned}\right\}\text{联立求解，得}$$

$$I_1=2\text{A},\ I_2=1\text{A},\ I_3=3\text{A}$$

知识二 叠加原理

一、叠加原理的含义

（1）定义：在具有几个电源的线性电路中，各支路的电流或电压等于各电源单独作用时产生的电流或电压的代数和。

（2）适用范围：线性电路。

(3) 电源单独作用：不作用的电源除源处理，即理想电压源短路处理，理想电流源开路处理。

(4) 仅能叠加电流、电压，是不能叠加功率的。

(5) 代数和：若分电流与总电流方向一致时，分电流取“＋”，反之取“－”。

二、叠加原理分析

应用叠加原理的步骤：

(1) 把电路分解为若干个电压源或电流源单独作用的分电路，注意，当某电源单独作用时，其余电源看作零（电压源短路，电流源开路）。

(2) 在电路中标出电流的参考方向。

(3) 计算各个电源单独作用时各分电路的电流。

(4) 电流叠加，计算原复杂电路的待求电流（注意正负号）。

例 2－10　应用叠加定理求图 2－19（a）所示电路中的电流 I 和电压 U。

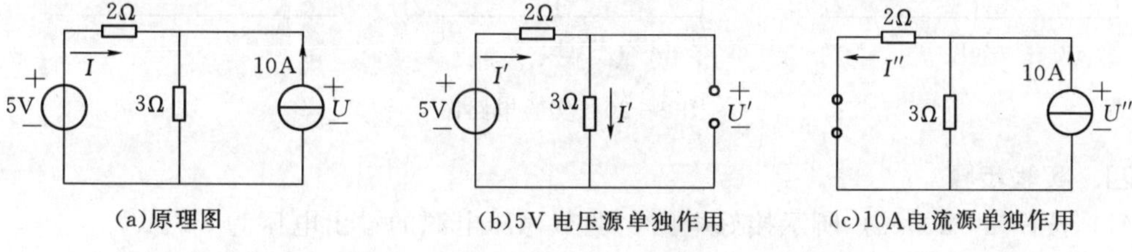

图 2－19　例 2－10 图

解： 画出 5V 电压源和 10A 电流源分别单独作用时的电路图，如图 2－19（b）和图 2－19（c)所示，并标出分电流和分电压的参考方向。在图 2－19（b）中

$$I'=\frac{5}{2+3}=1\text{A}$$

$$U'=\frac{3}{2+3}\times5=3\text{V}$$

在图 2－19（c）中

$$I''=\frac{3}{2+3}\times10=6\text{A}$$

$$U''=2I''=2\times6=12\text{A}$$

叠加后得

$$I=I'-I''=1-6=-5\text{A}$$

$$U=U'+U''=3+12=15\text{A}$$

实验四　叠加原理的验证

一、实验目的

(1) 加深对叠加原理的理解，并验证叠加原理。

（2）加深对参考方向的认识。

（3）进一步熟悉万用表的使用。

二、实验器材

（1）直流稳压电源　　　　1台

（2）电阻　　　　　　　　若干

（3）干电池　　　　　　　2节

（4）万用表　　　　　　　1块

三、实验电路

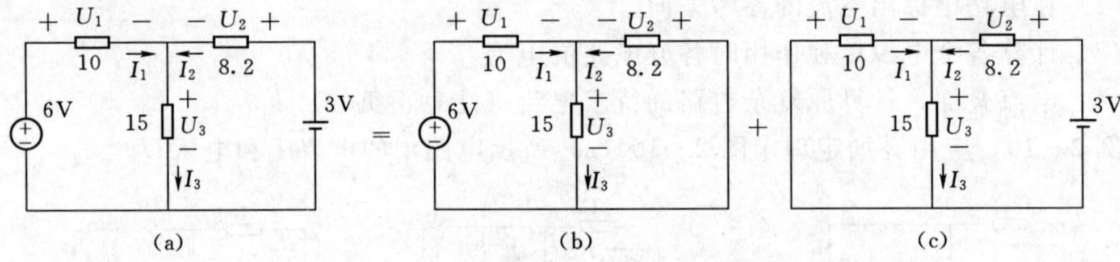

图 2-20　实验电路图

四、实验步骤

（1）按图 2-20（a）所示接好电路，调节稳压电源的输出电压为 8V。

（2）测量流过各电阻的电流和各电阻上的电压降，并记入表 2-1 中（注意参考方向）。

（3）按图 2-20（b）所示接好电路，调节稳压电源的输出电压为 8V。

（4）测量流过各电阻的电流和各电阻上的电压降，并记入表 2-1 中。

（5）按图 2-20（c）所示接好电路。

（6）测量流过各电阻的电流和各电阻上的电压降，并记入表 2-1 中。

表 2-1　　　　**实 验 表 格 及 数 据**

测量内容 / 参考点	U_1	U_2	U_3	I_1	I_2	I_3
图 2-20（a）						
图 2-20（b）						
图 2-20（c）						

五、实验数据分析

（1）是否符合叠加原理。

（2）分析实验产生误差的原因。

知识三　等效电源定理

一、网络

（1）分类：分为有源二端网络和无源二端网络。

（2）等效：无源二端网络 N_P 都可等效为一个电阻；有源二端网络 N_A 可等效为一个

实际电压源，即 U_S 与 R_i 串联组合，如图 2-21 所示。

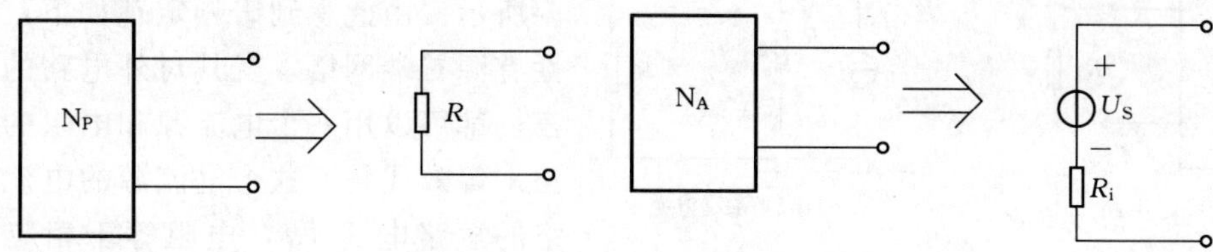

图 2-21 二端网络的等效模型

二、戴维南定理（等效电源定理）

（一）概念

（1）内容：任何一个线性有源电阻性二端网络 N_A，可以用 U_S 与 R_i 串联的电路模型来替代，且 $U_S=U_{0c}$（N_A 开路端电压）；R_i＝除源后的等效电阻。

（2）等效图：如图 2-21 所示。

（3）对外电路等效，对内电路不等效。

（4）戴维南定理多应用于求某条支路上的电压电流。

（二）计算步骤

（1）将电路分为两部分，一部分是待求支路，另一部分则是有源二端网络 N_A；将 N_A 开路，求 U_{0c}。

（2）将 N_A 中除源，（理想电压源短路处理，理想电流源开路处理），求等效电阻 R_i。

（3）将 U_{0c}、R_i 待求支路连上，求未知量。

例 2-11 如图 2-22（a）所示电路，求 I_3、U_3。

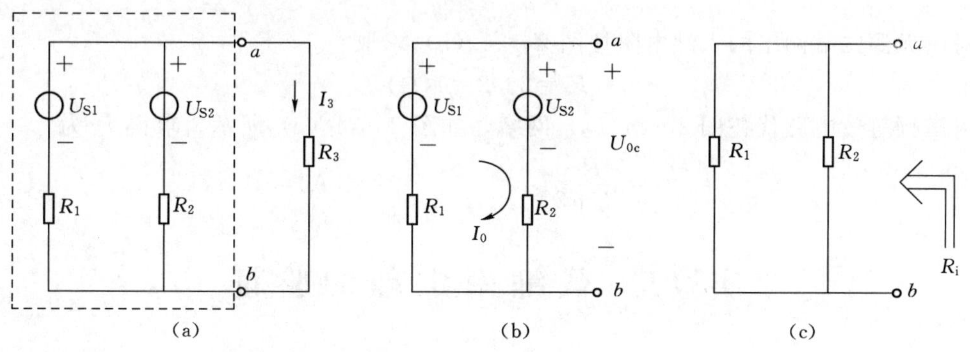

图 2-22 例 2-11 图

解：电路分成有源二端网络［如图 2-22（a）中虚框所示］和无源二端网络［图 2-22（c）］两部分。对于图 2-22（b）所示的有源二端网络，则有：

$$I_0\times1.6+117-130=0\Rightarrow I_0=\frac{13}{1.6}\text{（A）}=8.13\text{（A）},\ U_{oc}=117+0.6\times\frac{13}{1.6}=\frac{975}{8}\text{（V）}$$

$$R_i=\frac{1\times0.6}{1+0.6}=\frac{3}{8}\text{（Ω）}\Rightarrow I_3=\frac{U_{oc}}{R_i+R_3}=5\text{（A）}\Rightarrow U_3=I_3R_3=24\times5=120\text{（V）}$$

三、诺顿定理

由于电压源和电流源模型可以等效互换，因而，有源二端网络也可以用电流源和电阻

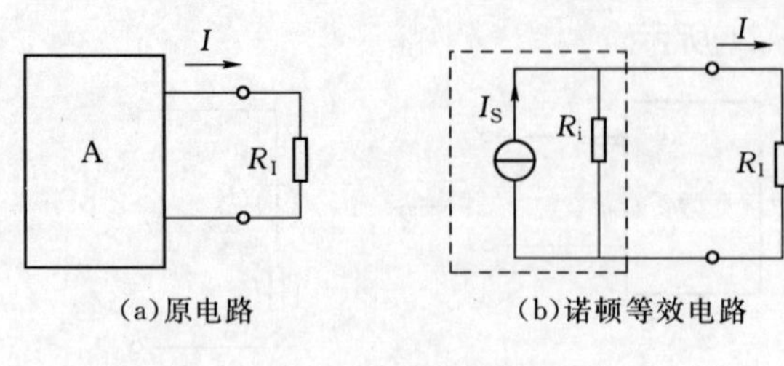

(a)原电路 (b)诺顿等效电路

图 2-23 诺顿定理

的并联电路来等效代替，如图 2-23 虚框内所示。由此得到诺顿定理如下：任一线性有源二端网络，就其对外电路的作用而言，都可以用一个电流源和电阻的并联电路来等效代替，这个电流源的电流等于网络的短路电流 I_{SC}，电阻等于相应无源二端网络的入端电阻 R_i。

图中虚线框内的部分亦称为诺顿等效电路。

戴维南定理和诺顿定理一起，合称等效电源定理。

例 2-12 应用诺顿定理求电路中的电流 I_3。

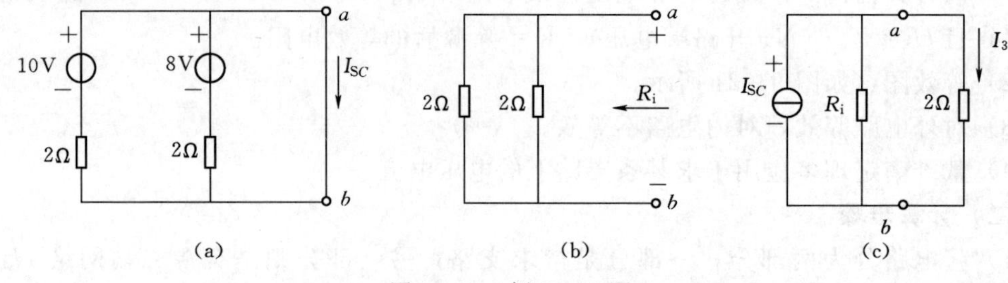

(a) (b) (c)

图 2-24 例 2-12 图

解： 先取下待求电流 I_3 的支路，并将此有源二端网络两端短路，如图 2-24（a）所示，求出短路电流

$$I_{SC}=\frac{10}{2}+\frac{8}{2}=9(\mathrm{A})$$

对应无源二端网络的入端电阻按图 2-24（b）求取

$$R_i=2//2=1(\Omega)$$

以诺顿等效电路代替图 2-24（a）网络，如图 2-24（c）所示，求得 I_3 为

$$I_3=\frac{R_i}{R_i+2}I_{SC}=\frac{1}{1+2}\times 9=3(\mathrm{A})$$

实验五 戴维南定理的验证

一、实验目的

（1）验证戴维南定理。

（2）掌握测量有源二端网络等效的方法。

二、实验器材

（1）直流稳压电源 1台

（2）固定电阻 若干

（3）导线 若干

（4）万用表 1块

（5）滑线变阻器 0～200Ω 1只

三、实验电路

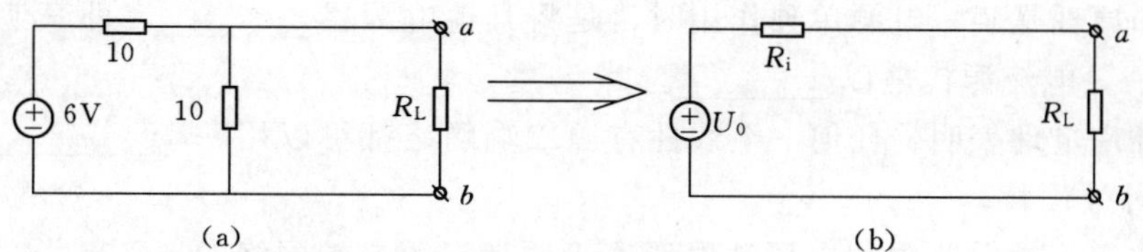

图 2-25　实验电路图

四、实验内容

(1) 根据实验电路图［图 2-25 (a)］接好电路，R_L 接入 15Ω 电阻。

(2) 测量流过 R_L 中的电流，并记入表 2-2 中。

(3) 将 R_L 改接为 8.2Ω 电阻，测量流过 R_L 的电流，并记入表 2-2 中。

(4) 测量有源二端网络的开路电压 U_0 和短路电流 I_S，计算出网络的入端电阻 $R_0=U_0/I_S$ 分别记入表 2-2 中。

(5) 以电压源 U_0 和滑线变阻器调制的电阻 R_0 串联构成有源二端网络的戴维南等效电源，测量负载电阻 R_L 接于等效电源时的电流，记入表 2-2 中。

表 2-2　　**实验表格及数据**

等效前					等效后	
$I_{15\Omega}$	$I_{8.2\Omega}$	U_0	I_S	$R_0=U_0/I_S$	$I_{15\Omega}$	$I_{8.2\Omega}$

五、实验数据分析

(1) 是否符合戴维南原理。

(2) 实验产生误差的原因。

巩固与练习

一、填空题

1. 电阻串联的特点是________相同，电阻并联的特点是________相同。

2. 等效电阻是指与二端电阻网络________关系相同。

3. 电阻串联时，各电阻的电压与________成正比，各电阻电压之和等于________。

4. 电阻并联时，各电阻的电流与________成正比，各电阻电流之和等于________。

5. n 个电阻为 R 的电阻串联时，等效电阻为________；将它们改为并联时，等效电阻则为________。

6. 电压源模型和原模型等效变换的关系是：$I_S=$________或 $U_S=$________。

7. 12V 和 4Ω 串联的电压源模型的等效电流源模型的电流（大小）为________，并联电阻为________。

8. 3A 和 4Ω 并联的电流源模型的等效电压源模型的电压（大小）为________，串联电阻为________。

9. 叠加原理只适用于________电路，而不适用于________电路。

10. 叠加原理是某一电源单独作用时，是将其他电源置________，即其他的电压源代之以________，电流源代之以________。

11. 戴维南定理表明，任何一个线性有源二端网络都可以用一个________和________串联电路来等效代替。

12. 戴维南等效电路中的电压源电压等于原来有源二端网络的________，串联电阻等网络内电源置________时的入端电阻。

二、判断题

1. 在电路等效的过程中，与理想电压源并联的电流源不起作用。(　　)

2. 如果需要调节电路中的电流时，一般也可以在电路中串联一个变阻器来进行调节。(　　)

3. 负载并联运行时，任何一个负载的工作情况基本上不受其他负载的影响。(　　)

4. 并联的负载电阻越多，每个负载的电流和功率越大。(　　)

5. 为了某种需要，可将电路中的某一段与电阻或变阻器并联，以起分流或调节电流的作用。(　　)

6. 计算功率时可以应用叠加原理。(　　)

7. 电压源和电流源可互换。(　　)

8. 叠加原理不只适用于线性电路求电压和电流，还适用于非线性电路。(　　)

9. 短路状态下，电源内阻的压降为零。(　　)

10. 通常照明电路中灯开得越多，总的负载电阻就越大。(　　)

三、选择题

1. 将 $R_1>R_2>R_3$ 的 3 个电阻串联，然后接在电压为 U 的电源上，获得功率最大的电阻是（　　）。

A. R_1　　B. R_2　　C. R_3　　D. 不能确定

2. R_1 和 R_2 为两个串联电阻，已知 $R_1=2R_2$，若 R_1 上消耗的功率为 10W，则 R_2 上的消耗的功率为（　　）。

A. 2.5W　　B. 5W　　C. 20W　　D. 40W

3. 将“100Ω、4W”和“100Ω、25W”的两个电阻串联时，允许加的最大电压是（　　）。

A. 40V　　B. 50V　　C. 70V　　D. 140V

4. 一个额定值为 220V、40W 的白炽灯和一个额定值为 220V、60W 的白炽灯串联接在 220V 电源上，则（　　）。

A. 40W 灯较亮　　B. 60W 灯较亮　　C. 两灯亮度相同　　D. 不能确定

5. 一个电气设备的额定功率为 1.2W，额定电压为 120V，但电源电压 220V，现需要选择一个电阻串联才能将它接到电源上正常工作，则该电阻为（　　）。

A. $R=5\text{k}\Omega$，额定功率为 $P=1\text{W}$　　B. $R=10\text{k}\Omega$，额定功率为 $P=1\text{W}$

C. $R=20\text{k}\Omega$，额定功率为 $P=0.5\text{W}$　　D. $R=10\text{k}\Omega$，额定功率为 $P=2\text{W}$

四、计算题

1. 两个电阻 R_1 和 R_2，具有下列五组数值，当 R_1 和 R_2 串联或并联时，试分别求出它们的等效阻值。（1）$R_1=R_2=2\text{k}\Omega$；（2）$R_1=2\text{k}\Omega$，$R_2=0$；（3）$R_1=10\text{k}\Omega$，$R_2=15\text{k}\Omega$；（4）$R_1=1\text{k}\Omega$，$R_2=\infty$；（5）$R_1=1\text{M}\Omega$，$R_2=100\Omega$。

2. 如图 2-26 图所示，已知电路中总电流 $I=200\text{mA}$，$R_2=100\Omega$。求下列四种情况下的 I_1 和 I_2。（1）$R_1=0$；（2）$R_1=\infty$；（3）$R_1=100\Omega$；（4）$R_1=25\Omega$。

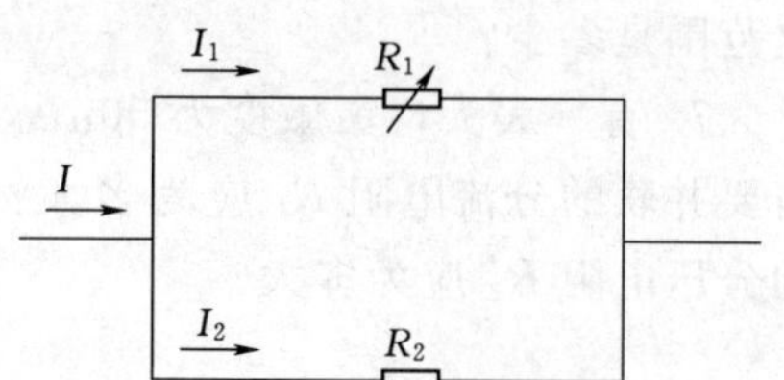

图 2-26 计算题 2 图

3. 试估算图 2-27 所示两个电路中的电流 I。

4. 求图 2-28 中电流 I_1 和 I_2。

5. 计算图 2-29 所示各电路的等效电阻 R_{ab}。

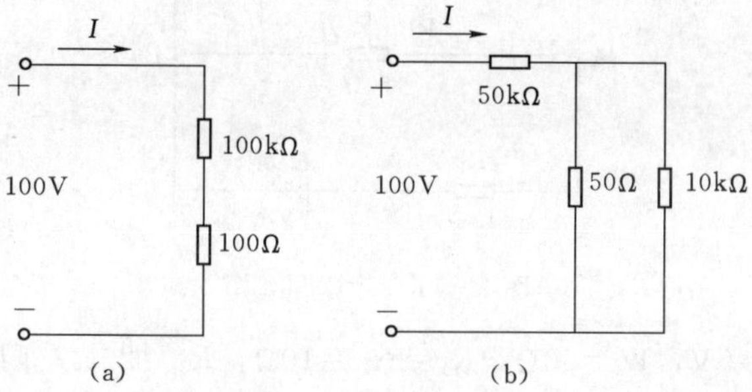

图 2-27 计算题 3 图

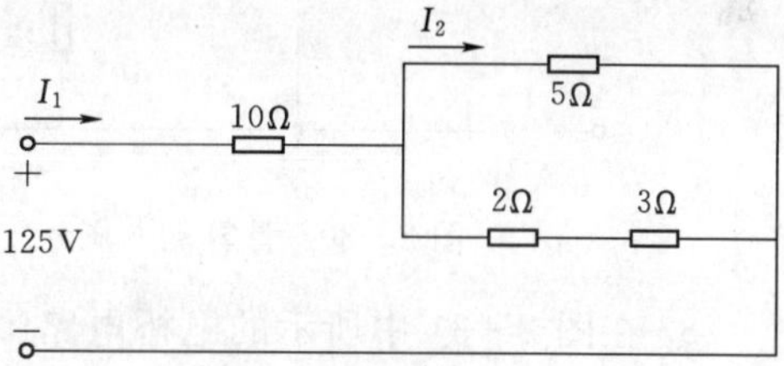

图 2-28 计算题 4 图

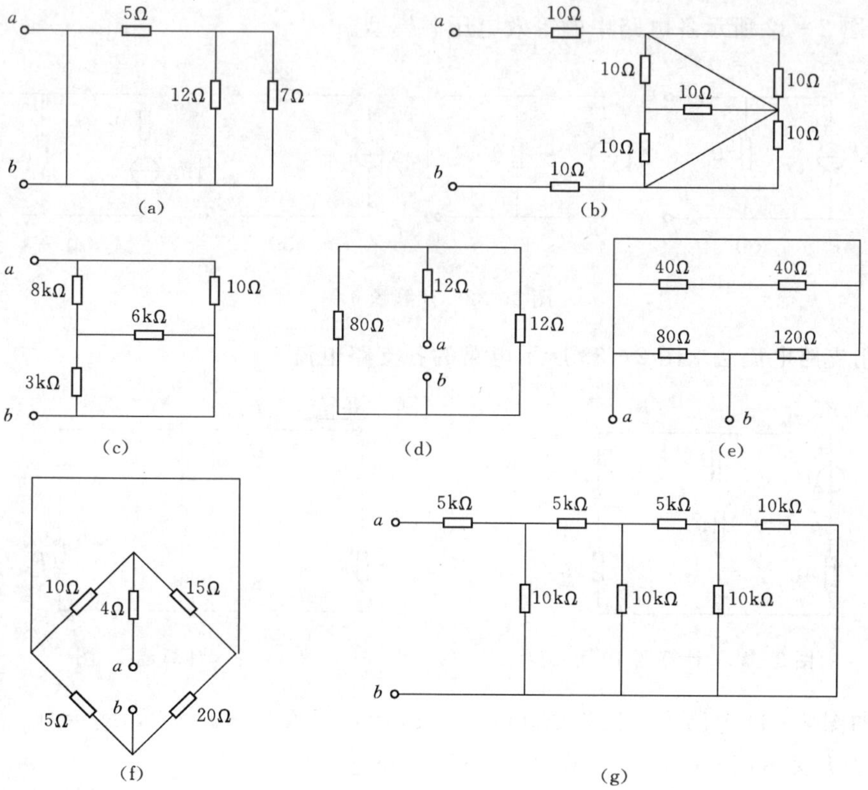

图 2-29 计算题 5 图

6. 在图 2－30 所示电路中，已知输入电压 $U=10\text{V}$，$R_1=1\text{k}\Omega$，$R_2=1\text{k}\Omega$，$R_3=12\text{k}\Omega$，$R_4=4\text{k}\Omega$，电位器 RP 的阻值为 10kΩ，当 RP 的滑动端移动时，输出电压 U_0 的变化范围是多少？

7. 有一表头，灵敏度为 50μA，内阻为 2kΩ，用它组装一个单量程为 2mA 的电流表，需要并联的分流电阻 R_1 应为多大？如果用它组装一个单量程为 5V 的电压表，需要串联的分压电阻 R_2 应为多大？

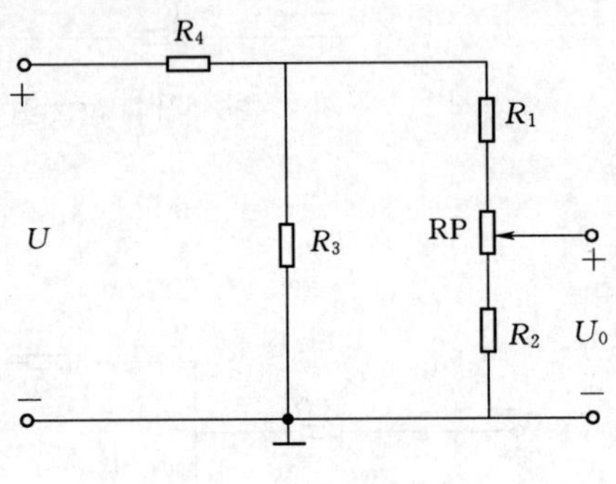

图 2－30　计算题 6 图

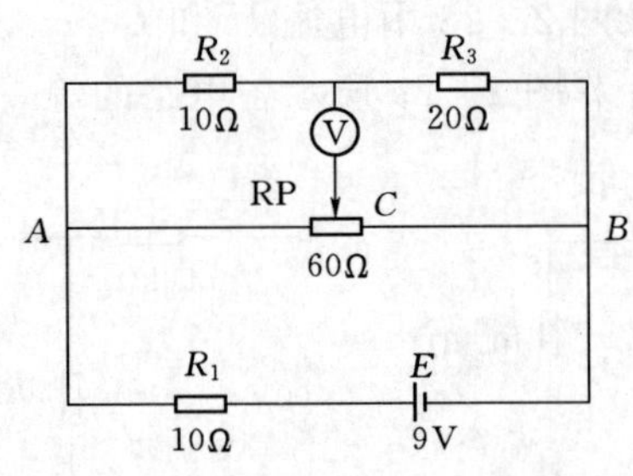

图 2－31　计算题 8 图

8. 在图 2－31 中所示的电桥电路中 $E=9\text{V}$，$W=60\Omega$，$R_1=R_2=10\Omega$，$R_3=20\Omega$，调节电位器 RP 的滑动端 C，使电压表的读数为 0，则此时电位器 AC 部分的阻值 R_{AC} 为多大？流过 R_1 的电流等于多少？

9. 求图 2－32 所示各电路中的等效电压源模型。

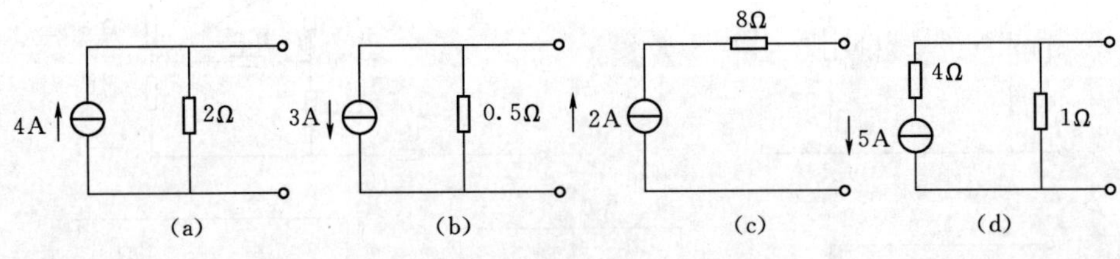

图 2－32　计算题 9 图

10. 用支路电流法求图 2－33 所示电路的各支路电流。

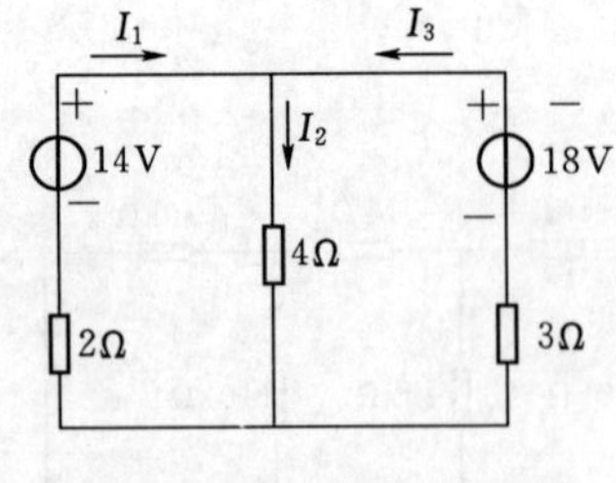

图 2－33　计算题 10 图

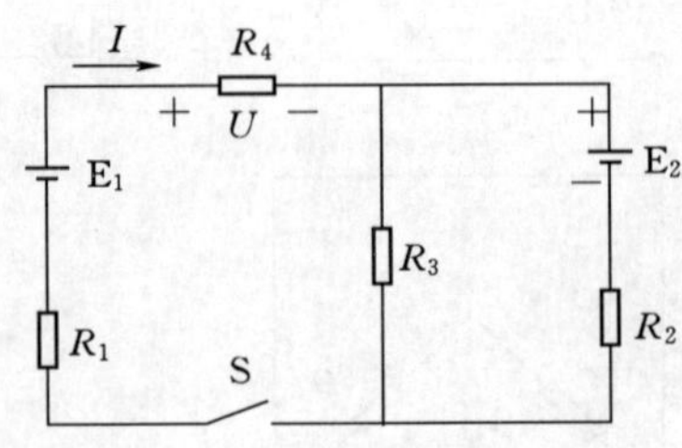

图 2－34　计算题 11 图

11. 如图 2－34 电路中，已知 $E_1=12\text{V}$，$E_2=4\text{V}$，$R_1=R_2=1\Omega$，$R_3=4\Omega$，$R_4=7\Omega$。

(1) 当开关 S 断开时，求电阻 R_4 的电流 I 和电压 U；

(2) 当开关 S 闭合后，用叠加定理求解流过 R_4 的电流 I。

12. 求图 2-35 所示各电路 a、b 端的戴维南等效电路。

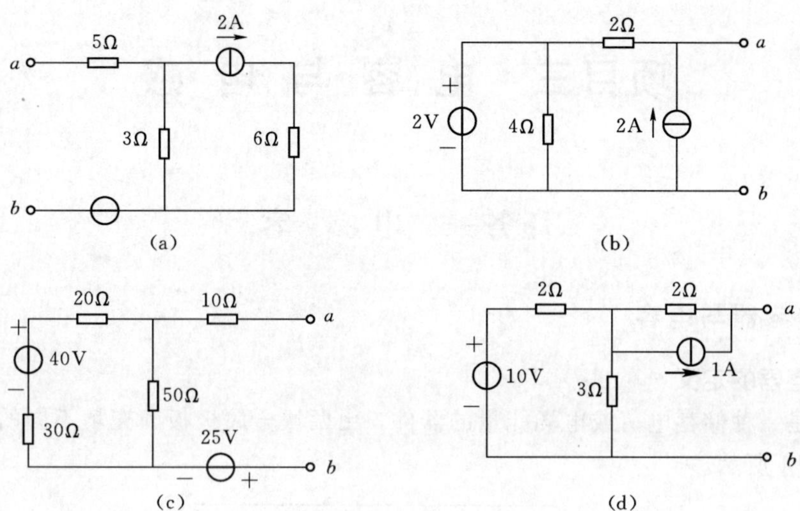

图 2-35　计算题 12 图

13. 电路如图 2-36 所示，求 a、b 端的戴维南等效电路。若 a、b 端接一个负载电阻 R，要求流过 R 的电流为 0.1A，电阻 R 应为多少？

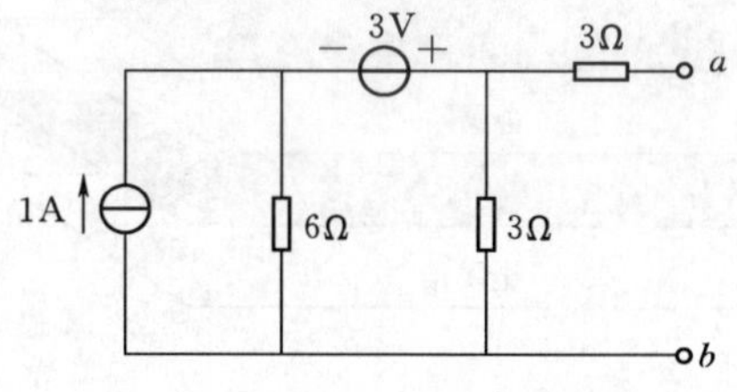

图 2-36　计算题 13 图

14. 图 2-37 所示电路为非平衡电桥电路，用戴维南定理求通过桥支路电阻 R_g 的电流。

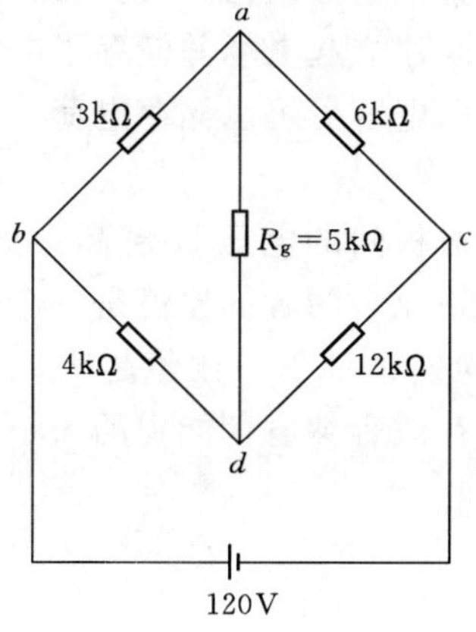

图 2-37　计算题 14 图

项目三 电容与电感

任务一 电 容

知识一 电容器与电容

一、电容器的定义

电容器是一种储存电荷或电场能量的器件，由两块金属极板间充填不同的绝缘介质构成，如图 3-1 所示。

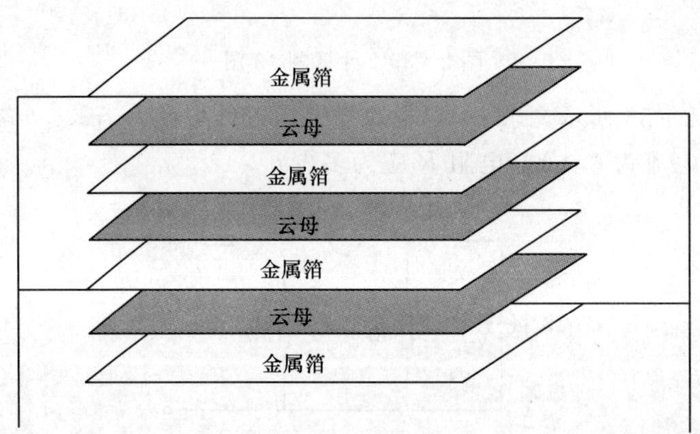

图 3-1 电容器

二、电容器的原理

当电容器的两个电极分别与直流电源的正、负极相连时，电容器的两块金属极板上将各自聚集等量的异性电荷，极板间建立起电场并储存了电场能量；当切断电源时，电容器极板上聚集的电荷仍然存在。所以电容器可以储存电荷，或者说，可以容纳电荷。

三、电容

实验指出，加在一个电容器极板间的电压 U 越高，极板上的电荷量 Q 就越多。也就是电容器的电荷量与其端电压成正比，两者的比值是一个常量。对不同的电容器，这个比值一般是不同的。在电压 U 相同的条件下，比值越大，表示电容器所带的电荷量越多。因此，这个比值反映了电容器储存或容纳电荷能力的大小，称为电容器的电容量，简称电容，用大写字母 C 表示，即

$$C=\frac{Q}{U} \tag{3-1}$$

电容量表征电容器在单位电压作用下储存电荷的能力，是由电容器本身的性质（导体大小、形状、相对位置及电介质）决定的，与电容器是不是带电无关。因此电容的计算公

式还可表示如下：

$$C=\frac{\varepsilon A}{d}=\frac{Q}{U} \tag{3-2}$$

电容的单位是 F（法［拉］），常用的单位还有 μF、pF，它们之间的关系是

$$1\text{F}=10^{-3}\mu\text{F}=10^{-6}\text{pF}$$

四、电容元件

实际的电容器（图 3-2），其绝缘介质的电阻不可能为无限大，加上电压后，就会有很小的电流通过电介质，这个电流叫做泄漏电流，它会引起能量损耗。在交变电压作用下，电介质的分子会反复运动，使电介质发热而产生能量损耗。一般情况下，电容器的这些损耗都很小，如果忽略不计，就是一个理想电容器，也就可以用一个电容元件作为实际电容器的模型。

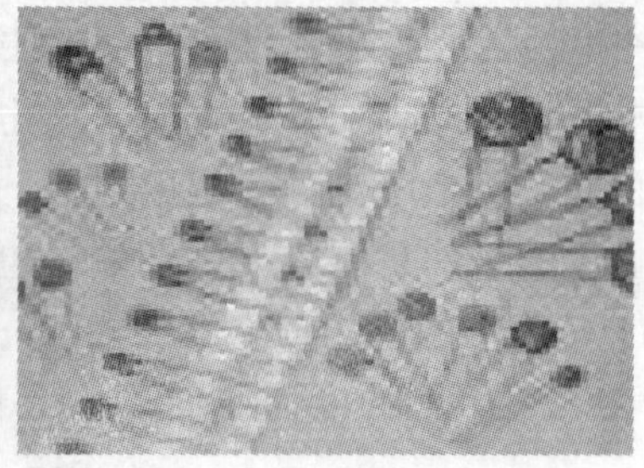

图 3-2　电容器实物图

电容元件是一个理想电路元件，它只表征具有储存电荷和电场能量的性质。电容元件的图形符号如图 3-3 所示。

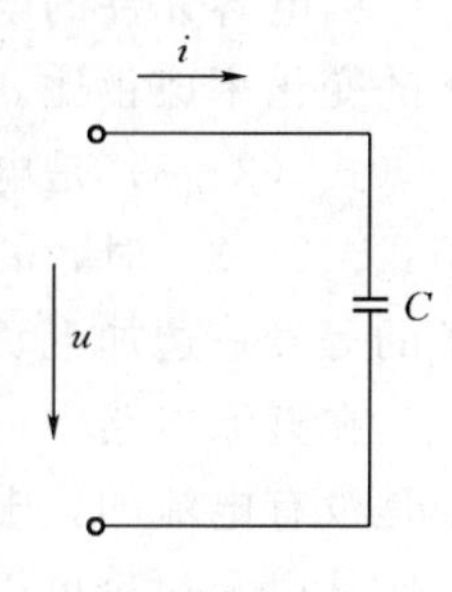

图 3-3　电容元件的图形符号

五、电容器的分类

电容器按照介质不同可以分为空气电容器、纸介质电容器、银介质电容器、云母介质电容器、油介质电容器、金属介质电容器等；按照电容的容量是否可调可以分为固定电容器、可调电容器；按照电容器有无极性可以分为无极性电容器和电解电容器。除了专门制造的电容器外，实际电路中还存在自然形成的电容器，如输电线之间，输电线与大地之间，晶体管各极之间，电机变压器绕组的匝间，绕组与机壳之间，但都较小，它们的电容称为分布电容。

知识二　电容元件的充放电

一、电容元件的充电过程

当电容元件与直流电源接通时，电容元件极板上的电荷逐渐增多，这个过程叫做电容元件的充电。

电容充电过程可以通过实验观察到，在图 13-4 所示的电路中，当开关 S 由端钮 2 合到端钮 1 时，可以发现检流计 G 一开始偏转较大，但随即返回并逐渐降至零。这表明开始时电流较大，但很快减小并回零。在电流由大变小的过程中，接在电容元件两端的电压

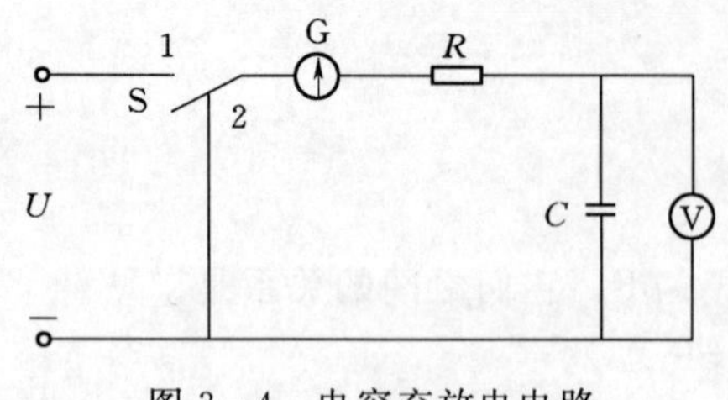

图 3-4　电容充放电电路

表指示值很快上升，当检流计回零时电压表指示值等于电源电压 U，说明极板上的电荷增加至最大值 $Q=CU$，充电过程结束。

二、电容元件的放电过程

电容元件充好电后，把开关 S 由 1 合至 2，电容元件通过电阻 R 被导线短接，正负电荷中和，极板上的电荷消失，这个过程称为电容元件的放电。通过观察，可以发现放电时检流计 G 的指针朝反向偏转，开始时偏转较大，而后很快减小并逐渐回零。在这同时，电压表的指示值也很快下降并逐渐至零。电压减小表明极板上的电荷在减少，电压为零表明极板上的电荷全部被中和。

充电和放电过程中，电容元件的电压和电流都是按指数规律增加或减少的。

三、电容电流

电容元件充电时，充电电荷经过导线时形成电流，其方向与电容电压的方向一致，这个电流称为充电电流。电容元件放电时，放电电荷也在连接导线上形成电流，其方向与电容电压的方向相反，这个电流称为放电电流。电容元件的充电电流和放电电流合称电容电流。形成电容电流的条件是电容元件两端的电压要不断变化。

设电容元件 C 两端的电压为 u，当电压 u 变化时，极板上的电荷 q 也跟着变化，若在极短的时间 $\mathrm{d}t$ 内，极板上的电荷增加了 $\mathrm{d}q$，则在导线上形成的电流

$$i=\frac{\mathrm{d}q}{\mathrm{d}t}=C\frac{\mathrm{d}u}{\mathrm{d}t} \tag{3-3}$$

因电容元件的电容 C 是常数，故上式表明：任一时刻的电容电流与电容元件两端电压的变化率成正比。

式（3-3）是电容元件的电压和电流的一般关系式，对于任何波形的电压都适用。应用式（3-3）时，u 和 i 的参考方向应选取一致。如果 u 和 i 的参考方向相反，则应在式子的等号一边加上负号。

在直流电路中，电容电压是不随时间变化的，即为 0，故 $i=0$，也即在含电容的支路中是没有电流的，电容起了“隔直”的作用。

从以上讨论可以看出，电容电流并不是指带电的粒子穿过电容元件的电介质，而是指电容元件在不断地充放电时在连接线上形成的电流。

例 3-1　有一 $C=0.5\mathrm{F}$ 的电容元件，加在其两端的电压 $u(t)$ 的波形如图 3-5（a）所示，试求电容电流，并画出其随时间变化的曲线。

解： 在 $t=0$ 至 $t=2\mathrm{s}$ 期间，u 从 0 线性增长至 8V，故在此期间电压的变化率

$$\frac{\mathrm{d}u(t)}{\mathrm{d}t}=8/2=4(\mathrm{V/s})$$

电容电流 $i=C\dfrac{\mathrm{d}u(t)}{\mathrm{d}t}=0.5\times4=2$ (A)

在 $2\mathrm{s}\leqslant t\leqslant4\mathrm{s}$ 期间，$u(t)=8\mathrm{V}$ 为恒量，故电压的变化率

$$\frac{\mathrm{d}u(t)}{\mathrm{d}t}=0$$

电容电流 $i=C\frac{du(t)}{dt}=0.5\times0=0$（A）

在 $4s\leqslant t\leqslant 6s$ 期间，u 从 8 线性减小至 0V，故电压的变化率 $\frac{dU_C}{dt}=-8/2=-4$（V/s）

电容电流 $i=C\frac{du(t)}{dt}=0.5\times(-4)=-2$（A）

电容电流 $i(t)$ 的波形如图 3-5（b）所示。

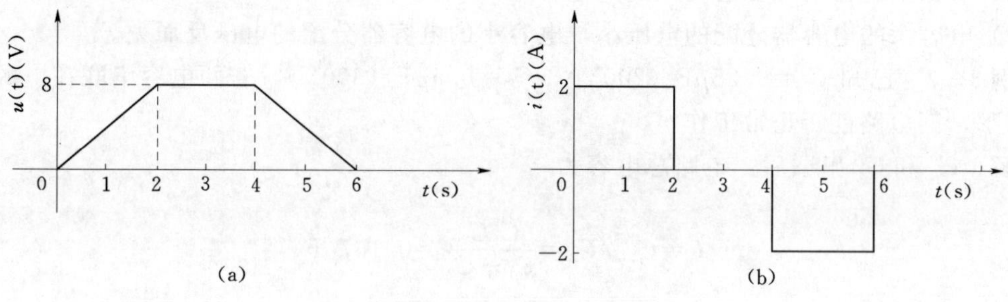

图 3-5　例 3-1 图

四、电容上的电压和电流的关系

（1）电容上的电压和电流的关系式为

$$i=\frac{dq}{dt}=C\frac{du}{dt} \tag{3-4}$$

（2）电容上的电压不能发生突变，常利用电容的这种特性对电路元件进行过电压保护。

（3）在直流电路中电容相当于断路（开路）。

五、电场能量

$$W_E=\frac{1}{2}CU_C^2 \tag{3-5}$$

电容器为储能元件，不耗能。电压增加时，存储电能；电流减少时，放出电能。

知识三　电容器的串并联

一、电容器的串联

电容串联电路如图 3-6 所示。

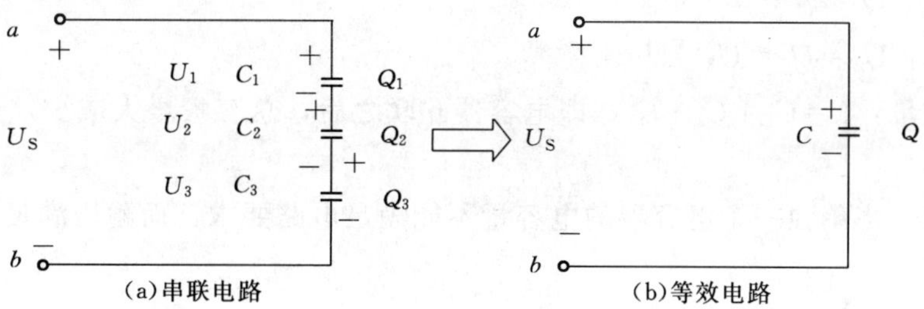

图 3-6　电路串联电路

(1) 电量：$Q=Q_1=Q_2=Q_3$

(2) 电压：$U_S=U_1+U_2+U_3$

(3) 电容量：$\frac{1}{C}=\frac{1}{C_1}=\frac{1}{C_2}=\frac{1}{C_3}$，即电容器串联之后，总容量减少，这相当于电阻的并联。

(4) 用途：当单独一个电容器的耐压不能满足电路要求时，需串联，但应注意：

1) 每只电容器均承受着同样的电量。

2) 电容大的电容器分配的电压小，电容小的电容器分配的电压反而大。

例 3-2　已知 $C_1=0.25\mu F$ (200V)，$C_2=0.5\mu F$ (300V)，若两电容串联在电源电压 360V 下，问电路能否正常工作？

解：C_1 和 C_2 串联后，电路总电容为

$$C=C_1/\!/C_2=\frac{C_1C_2}{C_1+C_2}=0.167\mu F$$

电容总电量为　$Q=Q_1=Q_2=CU=0.167\times360V=60\mu C$

$$U_1=\frac{Q}{C_1}=240V\quad U_2=\frac{Q}{C_2}=120V$$

由于小 C_1 承受大电压，大于 200V，大 C_2 承受小电压，小于 300V，因此将先导致 C_1 击穿；C_1 击穿后，电源电压继而全部加在 C_2 上，从而引起 C_2 击穿。

二、电容器的并联

电容并联电路如图 3-7 所示。

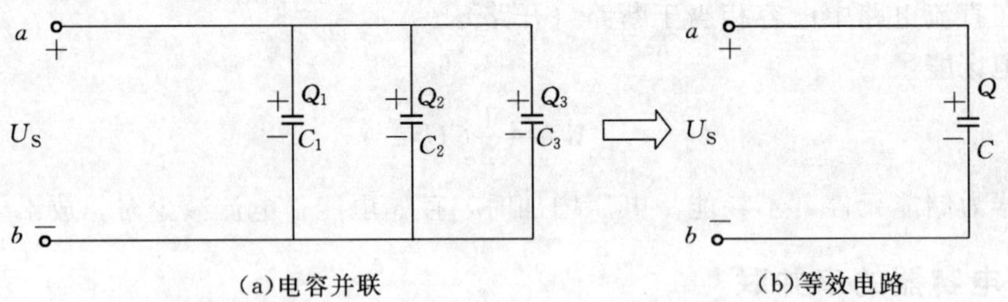

图 3-7　电容并联电路

(1) 电量：$Q=Q_1+Q_2+Q_3$

(2) 电压：$U_S=U_1=U_2=U_3$

(3) 电容量：$C=C_1+C_2+C_3$，即电容器并联之后，总容量增大减少，这相当于电阻的串联。

(4) 用途：当单独一个电容器的电容量不能满足电路要求，而耐压满足要求时，需并联，但应注意：

1) 每只电容器均承受着外加电压。

2) 每只电容器的耐压均应大于外电压。否则一只电容器被击穿，整个并联电路就被

短路，会对电路造成危害。

三、电容器的作用

电容器常用于滤波、隔直、调谐、耦合交流、交流旁路和能量转换。

四、衡量电容器性能的指标

主要有：电容量和耐压。

五、电容器的测试

电容器常见的故障有断线、短路、漏电和失效等。我们可以利用万用表的 R×1k 或 R×10k 电阻档来进行检查。

1. 电容量的判别

置万用表的电阻档于 R×1k 或 R×10k 档，将两表笔分别接触电容器的两极，若表头指针迅速正向摆动一个角度，而后逐渐复原，回到起始位置；然后互换两表笔，再接触电容器的两极，表头指针又正向偏转，且转角比前次更大，而后逐渐复原并返回起始位置。这表明电容器的充放电过程正常，电容器完好。指针的偏转角度越大，复原的速度越慢，说明电容量越大。

经与已知电容量的电容作测试比较，可以粗略判断被测电容量的大小。对于 0.05μF 以下的小电容器，指针偏转很小，不易看出，需用专门仪器测量。

2. 漏电

用上法测试电容时，除空气电容器外，指针一般不可能回至 R=∞处，具有一定的漏电现象。稳定时指针的指示值为电容器的绝缘电阻，其值一般达几百兆欧至几千兆欧，阻值越大，表明电容器的绝缘性能越好。

3. 短路

如指针摆至满刻度，即 R—0 处，而不返回，表明电容器内部已短路。对于可变电容器，可将两表笔分别接至动片和定片上，然后缓慢旋转动片，如出现电阻指零，表明有碰片现象，可用工具使之分离，恢复正常。

4. 断线

如两表笔接触电容器电极时，指针一点都不偏转，调换表笔仍不偏转，表明电容器已断线。

5. 电解电容器极性判别

因电解电容器正反不同接法时的绝缘电阻相差较大，故可用 R×1k 电阻档先测一次两极间的绝缘电阻，然后将两表笔调换，再测一次绝缘电阻。两次测量中阻值较大一次黑（正）表笔所接的电极为正极或阻值较小的一次红（负）表笔所接的为正极。对于耐压较低的电解电容器，勿随便使用 R×10k 电阻档，因 R×10k 电阻档的电池电压为 15V 或 22.5V，以免造成电解电容器击穿。

对电容器进行测试时要注意以下两点：

（1）从电路中拆下的电容器要进行短接放电，以免极板上残存的电荷放电时损坏仪表、影响人身安全。

（2）测试时两手勿接触表笔的导体部分，以免人体电阻介入而影响测量结果。

任务二　电　　感

知识一　磁的基本知识

一、磁的现象

在日常生活中，磁的现象随处可见，如磁铁能吸引铁制物体，磁针可作指南针，磁化水能除水垢并有治疗作用等。

磁铁能吸引铁片之类物体的性质叫做磁性，具有磁性的物体称为磁体。磁体有天然磁体和人造磁体之分，前者如天然磁石，后者如永久磁铁，我们使用的大多是人造磁体。如果用永久磁铁搅拌铁屑，磁铁的两端就会沾满铁屑，表明磁铁的两端磁性最强，这两个端部称为磁极。假如用线把条形磁铁的中部悬吊起来，两极会分别指向南方和北方。指向南方的一极称为南极，又称为S极；指向北方的一极称为北极，又称为N极。磁体的N极和S极总是成对出现的，即使把一个磁体分成两段，每一段仍有两个磁极。

将两个磁极相互靠近时，可以发现磁极间有相互作用力：同性磁极相互排斥，异性磁极相互吸引。磁极之间的排斥力或吸引力称为磁力。相互作用的磁极并没有直接接触，它们之间的作用力是通过磁场来传递的。

把小磁针放在磁场的某一位置，小磁针有一定的指向。小磁针在磁场的不同位置，一般各有指向，这说明磁场是有方向性的。规定：在磁场的某一点，小磁针N极所指的方向就是该点磁场的方向。

与电场一样，磁场也是比较抽象的，通常用磁力线来描绘磁场，即用图形把抽象的磁场描绘出来。磁力线有如下性质：

(1) 磁力线上每一点的切线方向就是该点磁场的方向，磁力线彼此永不相交。

(2) 磁力线的疏密表示磁场的强弱。磁力线密集的地方表示该处磁场强，磁力线稀疏的地方表示该处的磁场弱。

(3) 在磁体外部，磁力线从N极发出到S极；在磁体内部，从S极回到N极，每根磁力线都是闭合的回线。

磁力线与电力线一样，也是一些假想的线，但它可用实验显示出来。如在一个条形磁铁的上面放一张纸板，纸板上均匀地撒上铁屑，轻敲纸板，就可看到铁屑按一定的形状排列起来，这些线条就是条形磁铁的磁场在一个平面上的图形，也就是磁力线图形。如果在磁场的某一区域内，磁力线是一些均匀的平行线，则该区域为均匀磁场。

二、电流的磁场

丹麦物理学家奥斯特在1820年发现，把磁针放在通电导线周围，磁针会发生偏转。这说明电流的周围存在着磁场，即电流能产生磁场。这一发现的意义是重大的，它表明：动电生磁。电流产生磁场的效应称为磁效应。

电流周围磁场的方向与导线中电流的方向有一定的关系。法国物理学家安培总结出右手螺旋定则，其内容如下所述：

(1) 对直线电流。用右手握住导线，使伸直的大拇指指向电流的方向，则弯曲的四指所指的方向就是磁力线环绕的方向，如图 3-8 所示。

（2）对于载流线圈。用右手握住线圈，让弯曲的四指和线圈的电流方向一致，大拇指所指的方向就是线圈内部磁力线的方向，如图 3-9 所示。

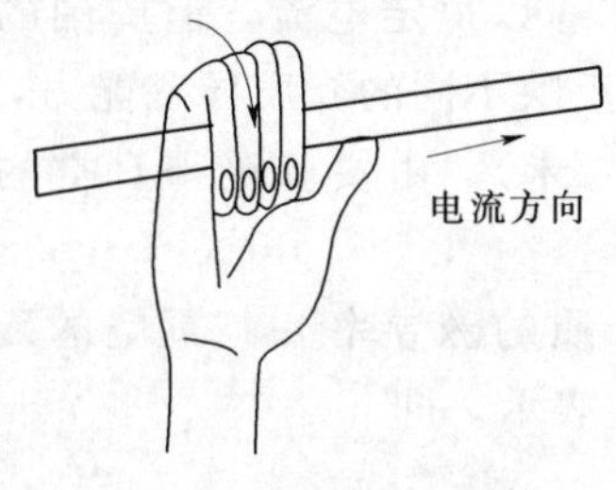

图 3-8　直线电流的磁场

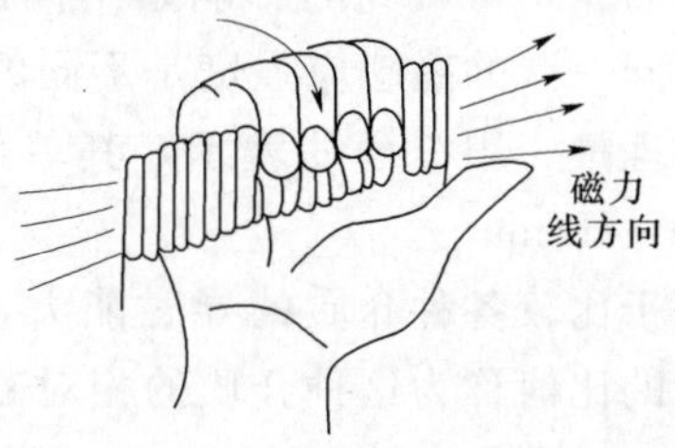

图 3-9　载流线圈的磁场

三、磁场对电流的作用

在磁感应强度为 B 的均匀磁场中，垂直于磁场放置一段长度为 L、通过电流为 I 的直导体，如图 3-10 所示。该载流直导体受到磁场作用力的大小为

$$F=BIL$$

式中：B 为均匀磁场的磁感应强度，T（特）；I 为导体中的电流强度，A；L 为导体在磁场中的有效长度，m；F 为导体受到的电磁力，N。

磁场作用力的方向由左手定则确定：将左手伸直，掌心迎着磁力线的方向，四指指向电流方向，则伸开且与四指垂直的大拇指所指的方向就是磁场力的方向，如图 3-10 所示。

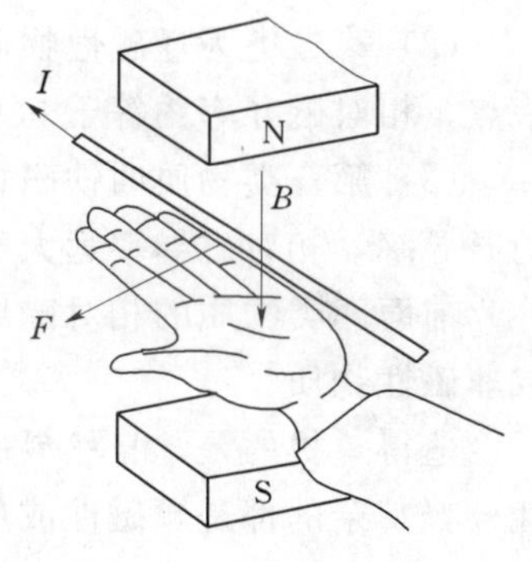

图 3-10　左手定则

磁场对载流导体的作用力又叫电磁力，在电工技术中有着广泛的应用，例如电动机和有些电工仪表就是依靠电磁力而工作的。

两根平行的载流直导体，由于每根导体都处在另一根导体所产生的磁场中，所以它们之间有相互作用的电磁力。

发电厂和变电站中的母线排是平行的载流导体，工作时有着吸力或斥力的作用。当发生短路时，母线中通过很大的短路电流，使母线间产生很大的电磁力。因此设计时，对母线和支持绝缘子都应考虑有足够的机械强度。

四、磁场的基本物理量

1. 磁通

磁通是描述磁场某一区域内磁场强弱的物理量。

定义：穿过某一面积的磁力线条数（数目），称为穿过这个面积的磁通。记为 Φ，单位为 WB（韦［伯］）。

2. 磁感应强度

磁感应强度是描述磁场中某一点磁场强弱的物理量。

定义：穿过单位面积的磁力线条数（数目），称为该点的磁感应强度。记为 B，即 $B=\Phi/S$，单位为 T（特［斯拉］）。

3. 磁导率

磁导率是反映介质导磁能力的物理量。

磁场的强弱除与产生它的电流、通电导体的几何尺寸有关外，还与磁场中介质的性质有关。不同的介质对磁场的影响是不同的。当一导体通以恒定电流，但周围的介质不同时，磁场中同一点的磁感应强度是不同的，所以为了反映不同的介质导磁能力，引入了磁导率这个物理量。用符号 μ 表示，其单位是 H/m（亨/米）。由实验测得真空的磁导率为 $\mu_0=4\pi\times10^{-7}$ H/m。

为了便于比较各种介质的导磁能力，把某一种介质的磁导率 μ 与真空的磁导率进行比较，两者的比值称为这种介质的相对磁导率，用 μ_r 表示，即

$$\mu_r=\frac{\mu^2}{\mu_0}$$

自然界的物质按磁导率的大小，可分为三类：

（1）第一类为顺磁性物质。如空气、铝、钨等，它们的磁导率比真空的磁导率稍大一点，相对磁导率约等于 1.000005。

（2）第二类为逆磁性物质。如氢、铜、银、金等，它们的磁导率比真空的磁导率稍小一点，相对磁导率约等于 0.999995。

（3）第三类物质叫铁磁物质或磁性物质。如铁、钴、镍等，它们的磁导率远大于真空的磁导率，相对磁导率远大于 1，可达几百甚至到几万，而且随磁场的强弱而变化。

前面两类物质的相对磁导率，都接近于 1，而且是恒量。通常把它们叫做非铁磁物质或非磁性物质。

值得一提的是，自然界的物质绝大多数是弱磁性的。在元素中，除铁、钴、镍是铁磁性外，其余的都是顺磁性或反磁性的。

知识二　电磁感应

一、电磁感应定律

（1）法拉第电磁感应定律：通过回路所包围面积的磁通量发生变化时，回路中将产生感应电动势，当回路闭合时会形成感应电流，这种现象称为电磁感应现象。其中感应电动势的大小等于回路内磁通量对时间的变化率，这就是法拉第电磁感应定律，其数学表达式为：

$$|e|=\left|\frac{d\Phi}{dt}\right|$$

（2）楞次定律：电磁感应过程中，感应电流所产生的磁通总是反抗原有磁通的变化。即当原有磁通增加时，感应电流产生的磁通方向与原有磁通方向相反，阻碍原有磁通的增加；当原有磁通减少时，感应电流产生的磁通方向与原有磁通方向相同，阻碍原有磁通的减少。

（3）电磁感应定律：法拉第电磁感应定律和楞次定律合称为电磁感应定律。

二、电磁感应定律的表达式

若选取感应电动势的参考方向与原磁通参考方向满足右手螺旋关系，如图 3－11 所

示，则电磁感应定律可表示为：

$$e=-\frac{\mathrm{d}\Phi}{\mathrm{d}t}$$

回路有 N 匝线圈时，由于各匝感应电动势相等，所以回路总的感应电动势为：

$$e=-N\frac{\mathrm{d}\Phi}{\mathrm{d}t}=-\frac{\mathrm{d}(N\Phi)}{\mathrm{d}t}=-\frac{\mathrm{d}\Psi}{\mathrm{d}t}$$

式中：e 为感应电动势，V；Φ 为磁通量，Wb；$\frac{\mathrm{d}\Phi}{\mathrm{d}t}$ 为磁通量对时间的变化率；“－”反映了感应电动势方向与磁通变化之间的关系，即感应磁通总是阻碍原有磁通的变化；$\Psi=N\Phi$ 称为线圈的磁链，Wb。

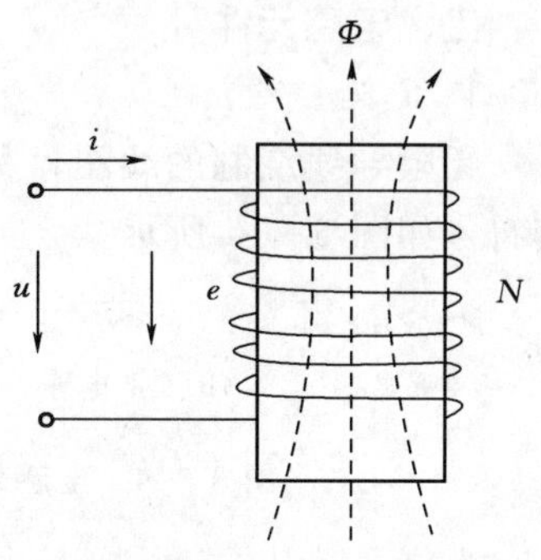

图 3－11 电磁感应

若选取感应电压参考方向与感应电动势参考方向一致，如图 3－11 所示，则

$$u=-e=N\frac{\mathrm{d}\Phi}{\mathrm{d}t}=\frac{\mathrm{d}(N\Phi)}{\mathrm{d}t}=\frac{\mathrm{d}\Psi}{\mathrm{d}t}$$

知识三 电感器

电感器是由一个线圈组成，通常将导线绕在一个铁芯上制作成一个电感线圈。电感线圈在空调制冷行业应用极为广泛，如互感器、变压器等。电感线圈通常由骨架、绕组、屏蔽罩、磁芯等组成。常用的电感线圈的外形如图 3－12 所示。

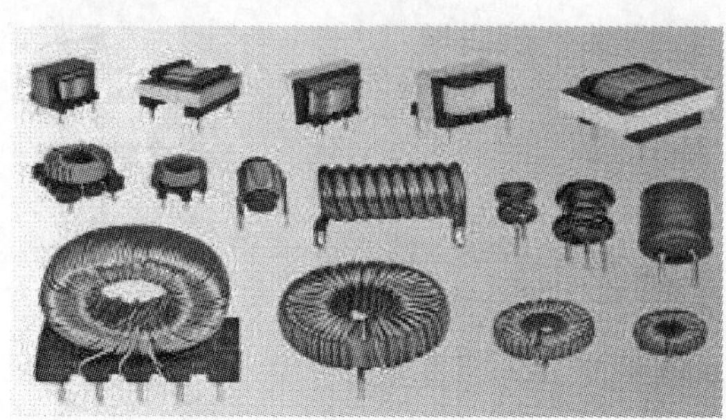
图 3.12 常用电感线圈的外形

一、电感线圈的分类

电感线圈的种类很多，分类的方法也不同。

（1）按电感的形式可分为固定电感器、可变电感器和微调电感器。

（2）按磁体的性质可分为空芯线圈和磁芯线圈。

（3）按用途可分为天线线圈、振荡线圈、低频扼流线圈和高频扼流线圈。

（4）按耦合方式可分为自感应线圈和互感应线圈。

（5）按结构可分为单层线圈、多层线圈和蜂房式线圈等，如图 3－13 所示。

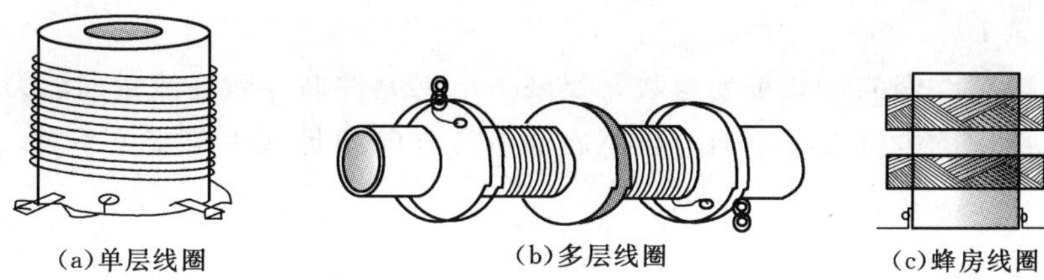
(a)单层线圈 (b)多层线圈 (c)蜂房线圈

图 3－13 电感线圈按结构分类

二、电感元件

1. 定义

无阻导线绕制的线圈，称为理想电感线圈，即电感元件，简称为电感，用 L 表示，其符号如图 3－14 所示。

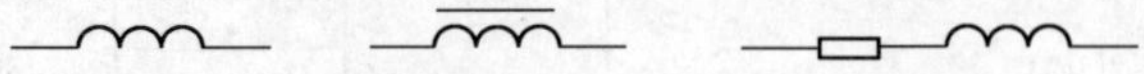

(a)空心电感　(b)实心电感　(c)实际线圈

图 3－14　电感元件符号

2. 电感器件的主要特性

电感器的主要电磁特性是储存磁场能量。

3. 基本概念

(1) 自感现象：当电感线圈中通以变化的电流 i 时，就会有变化的磁通 Φ_L 穿过线圈本身，而这个变化的磁通又会在该线圈两端引起感应电动势和感应电压，这种现象叫自感现象。

假设图 3－15 中 u、i、e（电动势）的参考方向为关联参考方向，则

$$u=-e=L\frac{\mathrm{d}i}{\mathrm{d}t}$$

(2) 自感电动势：由自感现象产生的感应电动势叫自感电动势。

自感电动势 $e=-N\frac{\mathrm{d}\Phi}{\mathrm{d}t}=\frac{\mathrm{d}\Psi}{\mathrm{d}t}$，由 $N\Phi=L_i=L\frac{\mathrm{d}i}{\mathrm{d}t}$推出楞次定律 $e=-L\frac{\mathrm{d}i}{\mathrm{d}t}$，其符号代表阻碍电流的变化或阻碍磁通的变化。

(3) 自感电压：产生的感应电压叫自感电压 $u_L=e_L$。

(4) 自感磁通：线圈自身电流产生的磁通 Φ_L 称为自感磁通。

(5) 自感磁链：$\Psi_L=N\Phi_L$。

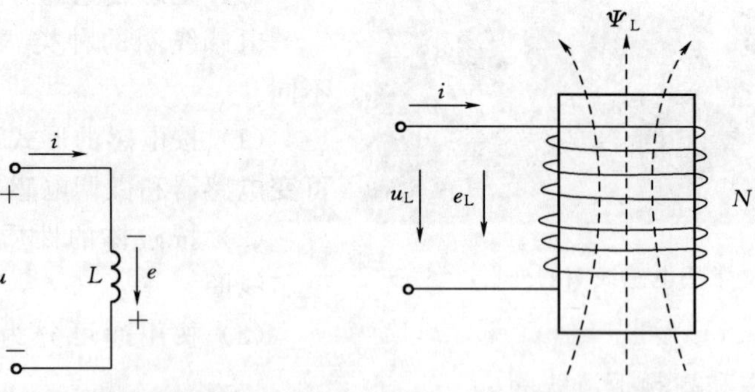

图 3－15　电感线圈电路　　图 3－16　右手螺旋定则

4. 主要参数

(1) 电感量 L。

电感量是电感线圈的一个重要参数，反映了电感元件储存磁场能量的能力。

在电感线圈中的电流参考方向与自感磁通参考方向满足右手螺旋关系时，如图 3－16 所示，有：

$$\Psi_L=Li$$

式中：Ψ_L 为线圈的自感磁链，Wb；i 为通过线圈的电流，A；L 为线圈的电感量，又叫

线圈的自感系数，简称为自感或电感，H。

同样，“电感”一词既表示电感元件本身，又表示其参数。电感的单位在国际单位制中为 H（亨［利］），常用的单位还有 mH（毫亨）和 μH（微亨），它们之间的换算关系为：

$$1\text{H}=10^3\text{mH}=10^6\mu\text{H}$$

L 为常数的电感叫线性电感元件。线性电感元件 L 的大小只取决于电感元件本身的几何形状、大小及线圈中的介质，与线圈中的电流和磁通无关。

（2）额定电流。

电感元件的额定电流是指电感元件正常工作时，允许通过的最大电流。若工作电流超过额定电流，电感元件就会因发热而改变参数，甚至烧坏。

5. 电感元件的常见故障

电感元件的常见故障有线圈断路、线圈短路、线圈断股。

判断电感元件好坏的方法：选择万用表合适的欧姆档位，红黑表笔分别接在电感线圈的两端，测量线圈的直流电阻，与正常的同型号规格线圈的直流电阻比较。若检测出的阻值和正常值相同，说明电感线圈正常；若检测出的阻值偏小，说明导线匝与匝（或层与层）之间有局部短路现象；若检测出阻值为零，说明线圈完全短路；若检测出的阻值为无穷大，说明线圈内部已开路。

三、电感元件电流与电压的关系

选取自感电压参考方向与电感线圈中的电流参考方向一致时，如图 3-17 所示，则

$$u_L=L\frac{di}{dt}$$

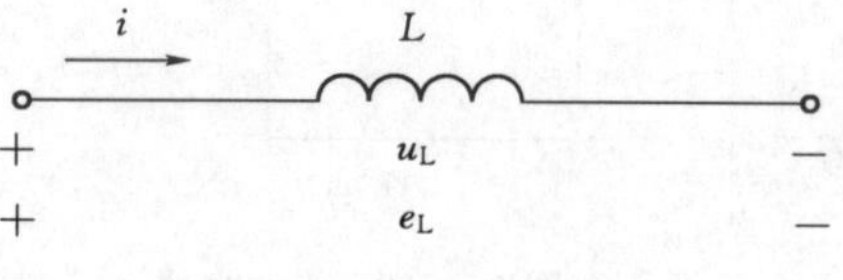

图 3-17　电感元件

式中：u_L 为自感电压，V；L 为自感系数，H；i 为通过电感线圈的电流，A；$\frac{di}{dt}$为电流对时间的变化率，A/S。

说明：（1）流过电感的电流不能跳变，但其两端的电压可以。

（2）直流情况下电感元件对直流电路相当于短路。

例 3-3　已知一线圈 $L=0.1$H，流过线圈的电流 i_L 随时间变化的曲线如图 3-18（a）所示。求 u_L 的值及其随时间变化的曲线。

解： 当 i 均匀变化时，di 可以用 Δi 表示，dt 可以用 Δt 表示，那么

（1）在 $t=0\sim0.05$s 时间内

$$u_L=L\frac{\Delta i}{\Delta t}=0.1\times\frac{1-0}{0.05-0}=2(\text{V})$$

（2）在 $t=0.05\sim0.15$s 时间内

$$\Delta i=-1-1=-2(A),\Delta t=0.15-0.05=0.1(\text{s})$$

$$u_L=L\frac{\Delta i}{\Delta t}=0.1\times\frac{-2}{0.1}=-2(\text{V})$$

（3）在 $t=0.15\sim0.2$s 时间内

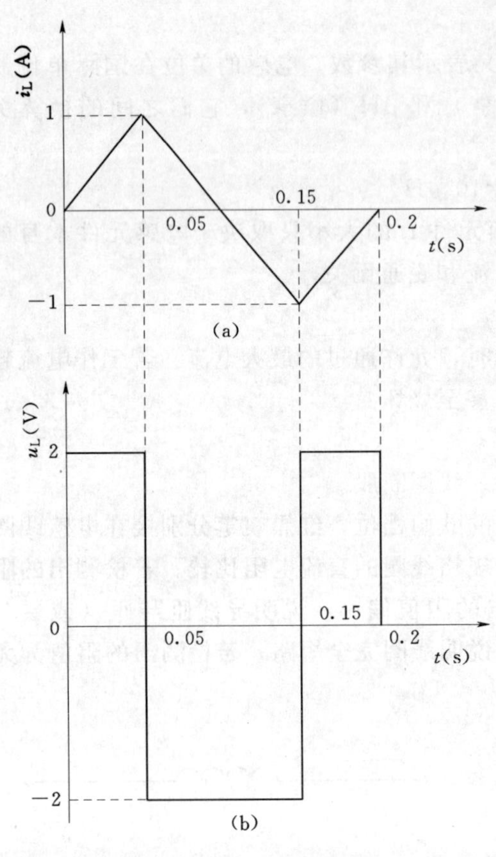

图 3-18　变化曲线

$$\Delta i=0-(-1)=1(\text{A})$$

$$\Delta t=0.2-0.15=0.05(\text{s})$$

$$u_L=L\frac{\Delta i}{\Delta t}=0.1\times\frac{1}{0.05}=2(\text{V})$$

u_L 随时间变化的曲线如图 3.18（b）所示。

四、电感元件的储能

$$W_L=\frac{1}{2}Li_L^2$$

式中：W_L 为电感元件储存的磁场能量，J；L 为自感系数，H；i_L 为电感元件上电流的瞬时值，A。

五、自感现象的利用——阻碍电流的变化

（1）稳定电流。

（2）产生高压。日光灯电路中利用镇流器的自感现象获得点燃灯管所需的高压。

（3）谐振电路，滤波器。

六、自感的危害

产生高压，开关通断产生电弧。

知识四　互感

一、互感现象

1. 磁通

如图 3-19（a）所示表示两个有磁耦合的线圈（简称耦合电感），电流 i_1 在线圈 1 和 2 中产生的磁通分别为 Φ_{11} 和 Φ_{21}，则 $\Phi_{21}\leqslant\Phi_{11}$。称为互感现象。电流 i_1 称为施感电流。Φ_{11} 称为线圈 1 的自感磁通，Φ_{21} 称为耦合磁通或互感磁通。

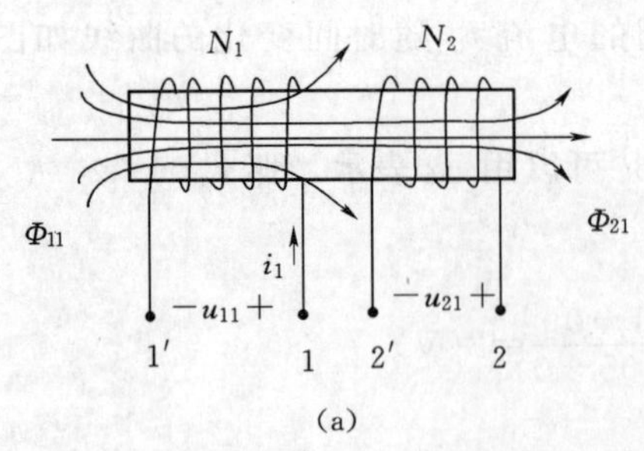

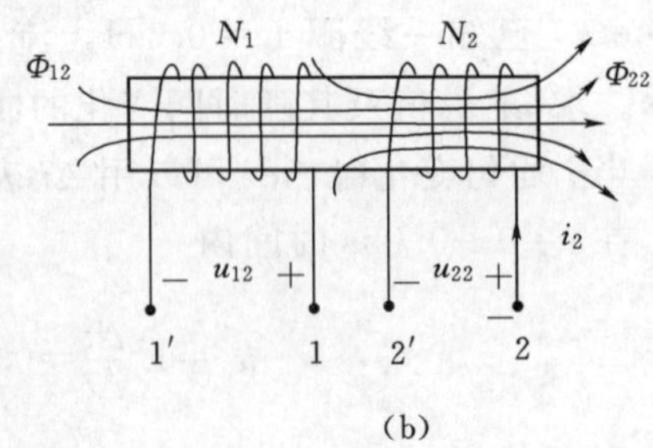

图 3-19　互感现象

如果线圈 2 的匝数为 N_2，并假设互感磁通 Φ_{21} 与线圈 2 的每一匝都交链，则互感磁链为 $\Psi_{21}=N_2\Phi_{21}=M_{21}i_1$。

同理，如图 3－19（b）所示，电流 i_2 在线圈 2 和 1 中产生的磁通分别为 Φ_{22} 和 Φ_{12}，且 $\Phi_{12} \leqslant \Phi_{22}$。$\Phi_{22}$ 称为线圈 2 的自感磁通，Φ_{12} 称为耦合磁通或互感磁通。如果线圈 1 的匝数为 N_1，并假设互感磁通 Φ_{12} 与线圈 1 的每一匝都交链，则互感磁链为 $\Psi_{12}=N_1\Phi_{12}=M_{12}i_2$。

2. 互感线圈

上述线圈 N_1、N_2 称为互感线圈。

3. 互感系数

上述系数 M_{12} 和 M_{21} 称互感系数。对线性电感，M_{12} 和 M_{21} 相等，记为 M。

4. 耦合系数

上述一个线圈的磁通交链于另一线圈的现象，称为磁耦合，用耦合系数 K 来反映其耦合程度

$$K=\frac{M}{\sqrt{L_1L_2}} \quad (K\leqslant 1)$$

则

$$\left.\begin{aligned}\Psi_1&=L_1i_1\pm Mi_2\\ \Psi_2&=\pm Mi_1+L_2i_2\end{aligned}\right\}$$

式中："＋"表示互感的增强作用；"－"表示互感的削弱作用。

5. 同名端

如图 3－20 所示，一对互感线圈中，一个线圈的电流发生变化时，在本线圈中产生的自感电压与在相邻线圈中所产生的互感电压极性相同的端点称为同名端，用"＊"、"·"、"△"等符号表示。一般线圈绕行方向一致的端子为同名端，则方向不一致的端子为异名端。

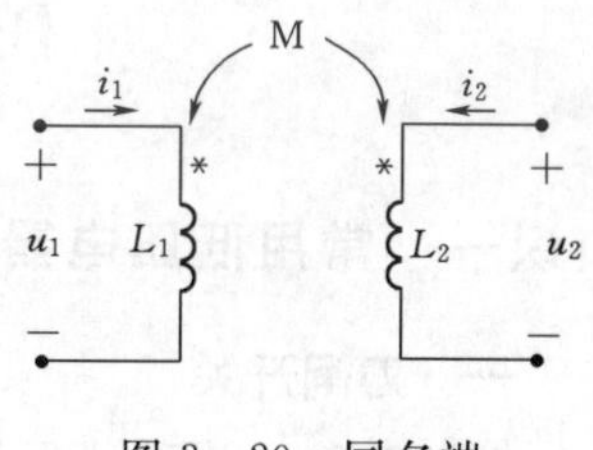

图 3－20 同名端

二、磁场能量

磁场能量用 W_m 表示，为：

$$W_m=\int_0^I Li\,di=\frac{1}{2}LI^2$$

电感为储能元件，不耗能。电流增加时，把电能变为磁场能存储；电流减少时，放出电能。

三、铁磁物质的应用

1. 变压器

变压器是一种常见的电气设备，可用来把某种数值的交变电压变换为同频率的另一数值的交变电压，也可以改变交流电的数值。

（1）单相变压器结构，如图 3－21 所示。

（2）单相变压器工作原理：

$$u_1\Rightarrow i_1\Rightarrow\Phi$$
$$\Rightarrow u_2\Rightarrow i_2$$

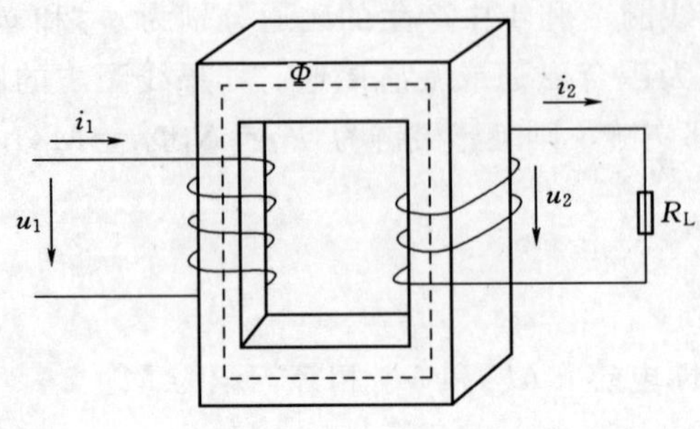

图 3-21 单相变压器

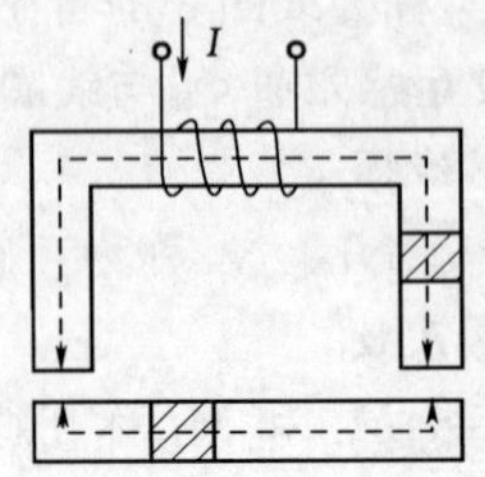

图 3-22 电磁铁结构示意图

2. 电磁铁

(1) 结构与工作原理

电磁铁利用电磁感应原理进行工作的，它由磁导率很高的软磁材料铁芯、衔铁及线圈所组成。当线圈中通以电流时，铁芯中产生磁场，使衔铁受电磁吸力作用，磁路中空气隙随之减小。当电路断开时，电流为 0，磁性消失，衔铁被释放。如图 3-22 所示。

电磁铁有以下几种结构形式：马蹄式、拍合式、螺管式。

(2) 分类：分为直流电磁铁和交流电磁铁两种。

任务三 常用低压电器元件

知识一 常用低压电器元件介绍

一、刀闸开关

控制对象：380V、5.5kW 以下小电机，考虑到电机较大的起动电流，刀闸的额定电流值应如下选择：(3～5) ×异步电机额定电流，其电路符号如图 3-23 所示。

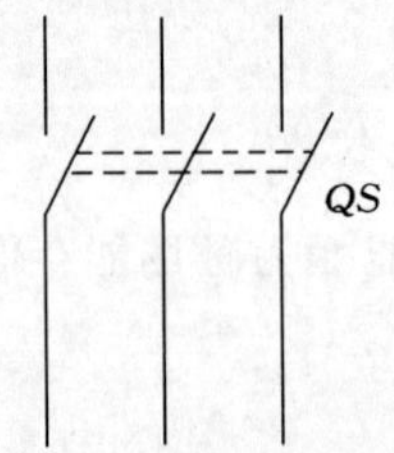

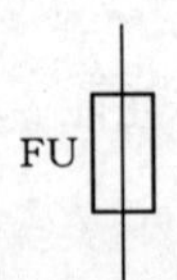

图 3-23 刀闸开关电路符号　　图 3-24 熔断器电路符号

二、熔断器

作用：用于短路保护。其电路符号如图 3-24 所示。

三、复合控制按钮

作用：一种手动操作接通或分断小电流控制电路的主令电器。其结构与电路符号如图 2-25 所示。

复合按钮：常开按钮和常闭按钮做在一起。

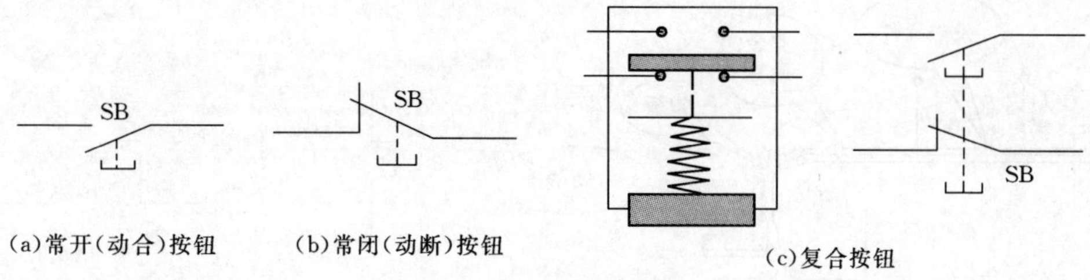

(a)常开(动合)按钮　(b)常闭(动断)按钮　(c)复合按钮

图 3-25　复合控制按钮

四、交流接触器

作用：用于远距离频繁地接通和断开电动机的控制电路。其结构与电路符号如图 3-26 所示。

接触器主触头用于主电路（流过的电流大，需加灭弧装置），接触器辅助触头用于控制电路（流过的电流小，无需加灭弧装置），如图 3-27 所示。简单的接触器控制电路如图 3-28 所示。

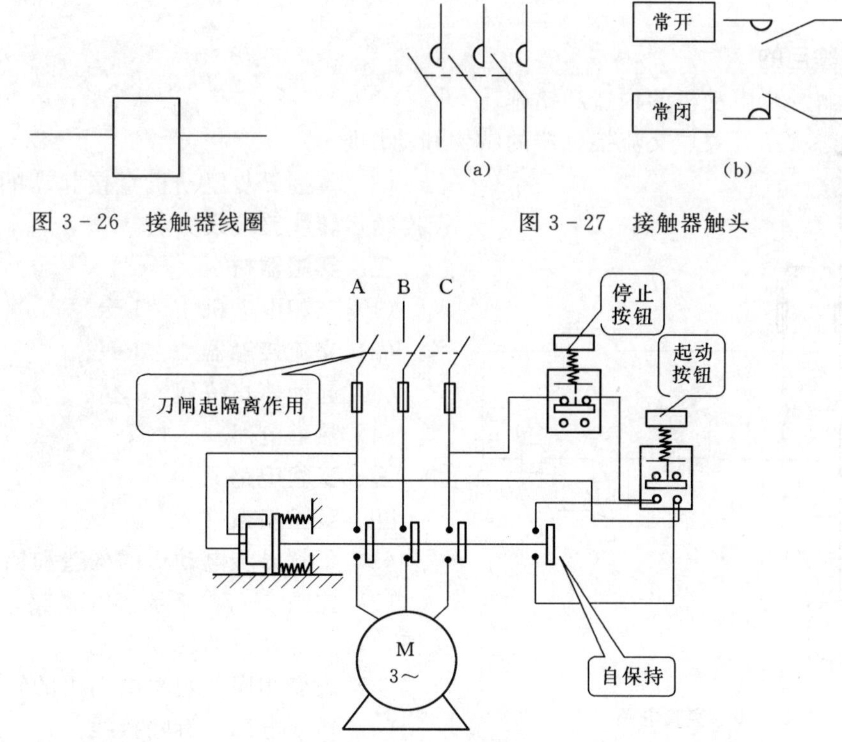

(a)　(b)

图 3-26　接触器线圈　　图 3-27　接触器触头

图 3-28　控制电路

五、热继电器

作用：对电动机起过载保护。

工作原理：发热元件接入电机主电路，若长时间过载，双金属片被烤热。因双金属片的下层膨胀系数大，使其向上弯曲，扣板被弹簧拉回，常闭触头断开。

结构与电路符号如图 3-29 所示。

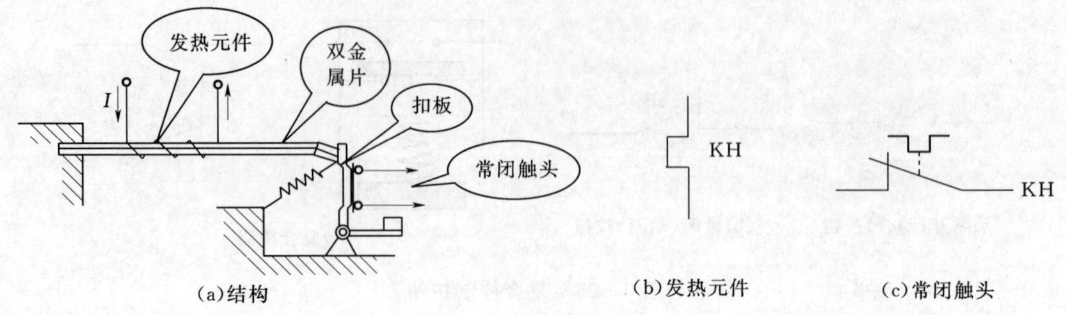

图 3-29　结构与电路符号

知识二　常用低压电器元件应用

低压电器元件常用于三相交流电动机的控制电路，见实验六至实验九。

实验六　三相异步电动机的接线和直接起动

一、实验目的

(1) 了解异步电动机的构造和铭牌。

(2) 熟悉按钮开关、交流接触器的结构和动作原理。

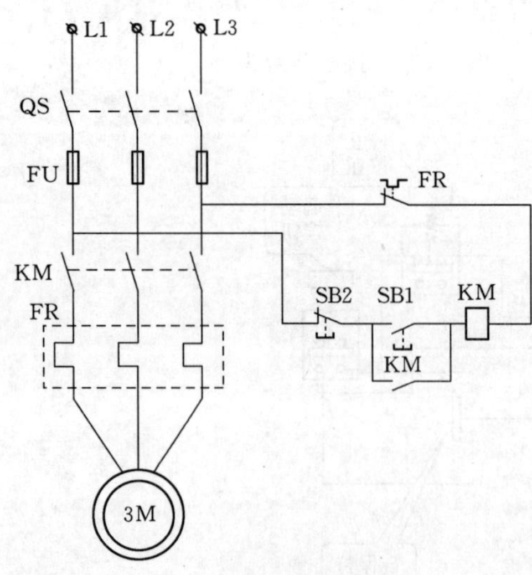

图 3-30　实验电路

(3) 掌握异步电动机直接起动的点动和自锁连续运转线路接线方法。

二、实验器材

(1) 三相电动机　　1 台

(2) 交流接触器　　1 只

(3) 起动停止按钮　1 付

(4) 热继电器　　1 只

三、实验电路

四、实验步骤

(1) 了解异步电动机的构造和铭牌。

(2) 按图 3-30 所示接好电路，按动启动按钮，观察电动机的转动情况。

(3) 改变相序，观察电动机的转动情况。

(4) 切断电源，拆除接线。

实验七　接触器联锁的三相异步电动机正反转控制线路

一、实验目的

(1) 掌握异步电动机正反转控制电路的接线方法。

(2) 了解电气联锁的原理和作用。

二、实验器材

（1）三相异步电动机　1 台

（2）交流接触器　2 只

（3）热继电器　1 只

（4）正、反、停复合按钮　1 只

三、实验电路

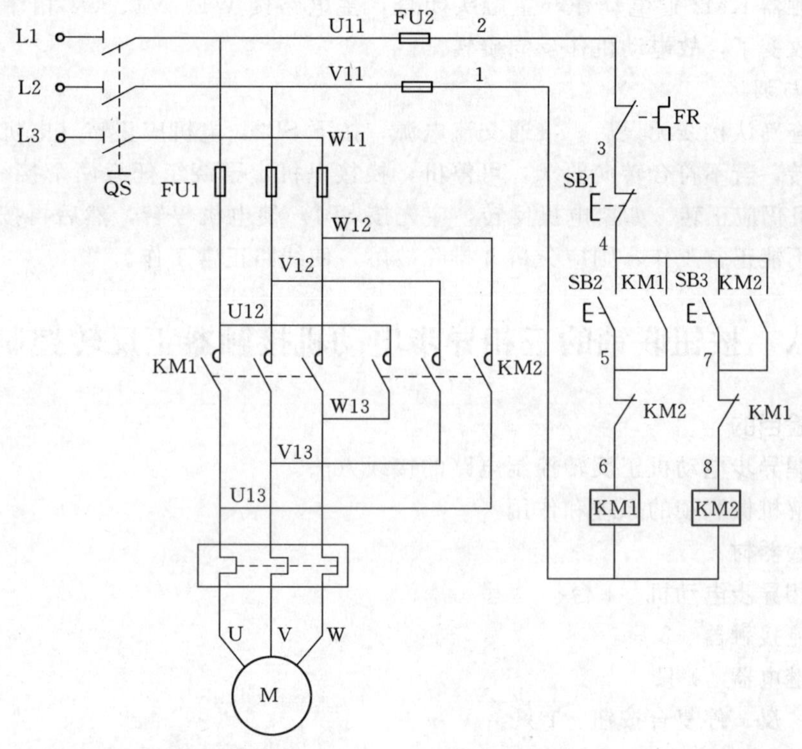

图 3-31　实验电路

四、实验步骤

1. 实验过程

控制线路的动作过程如下：

（1）正转控制：合上电源开关 QS，按正转启动按钮 SB2，正转控制回路接通：

L1→2→FR→SB1→SB2→KM2 常闭触头

→KM1线圈→KM1 常开触头闭合自锁

↓　　　→KM1 常闭触头断开对 KM2 联锁

1

接触器 KM1 的线圈通电动作，主触头闭合，主电路 U1、V1、W1 相序接通，电动机正转。

（2）反转控制：要使电动机改变转向（即由正转变为反转）时，应先按下停止按钮 SB1，使正转控制电路断开，电动机停转，然后才能使电动机反转。为什么要这样操作呢？因为反转控制回路中串联了正转接触器 KM1 的常闭触头。当 KM1 通电工作时，它是断开的，若这时直接按反转按钮 SB3，反转接触器 KM2 是无法通电的，电动机也就得不到电源，因此电动机仍然处在正转状态，不会反转。当先按下停止按钮 SB1，使电动停转以后，再按下反转按钮 SB3，电动机才会反转。这时，反转线控制线路为：

L1 ⟶ 2 ⟶ FR ⟶ SB1 ⟶ SB2 ⟶ KM1 常闭触头
⟶ KM2线圈 ⟶ KM2 常开触头闭合自锁
↓ 1　　└⟶ KM2 常闭触头断开对 KM1 联锁

反转接触器 KM2 通电动作，主触头闭合，主电路接 W1、V1、U1 相序接通，电动机电源相序改变了，故电动机作反向旋转。

2. 检测与调试

仔细检查确认接线无误后，接通交流电源，按下 SB2，电机应正转（电机右侧的轴伸端为顺时针转，若不符合转向要求，可停机，换接电机定子绕组任意两个接线即可）。按下 SB3，电机仍应正转。如要电机反转，应先按 SB1，使电机停转，然后再按 SB3，则电机反转。若不能正常工作，则应分析并排除故障，使线路正常工作。

实验八　按钮联锁的三相异步电动机接触器正反转控制线路

一、实验目的

（1）掌握异步电动机正反转控制电路的接线方法。

（2）了解机械联锁的原理和作用。

二、实验器材

（1）三相异步电动机　1 台

（2）交流接触器　2 只

（3）热继电器　1 只

（4）正、反、停复合按钮　1 只

三、实验电路

四、实验步骤

1. 实验过程

该线路的动作过程基本上与实验八相似。它的优点是：当需要改变电动机的转向时，只要直接按反转按钮就行了，不必先按停止按钮。这是因为，如果电动机已按正转方向运转时，线圈是通电的，这时，如果按下按钮 SB2，它串在 KM1 线圈回路中的常闭触头首先断开，将 KM1 线圈回路断开，相当于按下停止按钮 SB3 作用，使电动机停转，随后 SB2 的常开触头闭合，接通线圈 KM2 的回路，使电源相序相反，电动机即反向旋转。同样，当电动机已作反向旋转时，若按下 SB1，电动机就先停转后正转。该线路是利用按钮动作时，常闭先断开、常开后闭合的特点来保证的，KM1 与 KM2 的常闭触头也称为联锁触头。

2. 检测与调试

确认接线正确后，接通交流电源，按下 SB1，电机应正转；按下 SB2，电机应反转；按下 SB3，电机应停转。若不能正常工作，则应分析并排除故障。

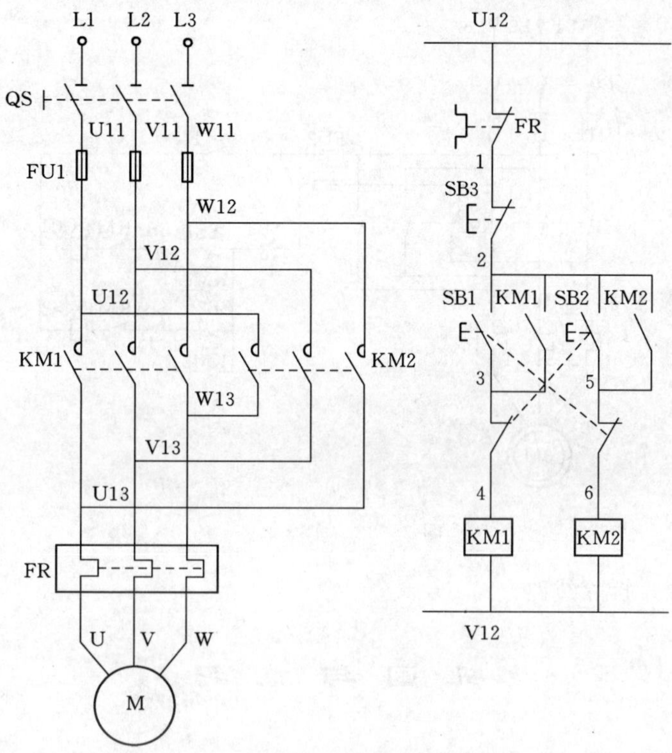

图 3-32　实验电路

实验九　三相异步电动机的双重联锁正反转控制

一、实验目的

(1) 掌握异步电动机正反转控制电路的接线方法。

(2) 了解电气联锁和机械联锁的原理和作用。

二、实验器材

(1) 三相异步电动机　1台

(2) 交流接触器　2只

(3) 热继电器　1只

(4) 正、反、停复合按钮　1只

三、实验电路

四、实验步骤

(1) 熟悉接线图，按图接好线，经老师检查无误后，合上电流开关 QS。

(2) 按 SB，观察电动机的转向和接触器的工作情况。

(3) 按 SB3 让电动机停后，再按 SB2 观察电动机的转向和接触器的工作情况。

(4) 按 SB3 让电动机停，按 SB1 让电动机正转后按 SB2 观察电动机的转动情况和接触器的工作情况。

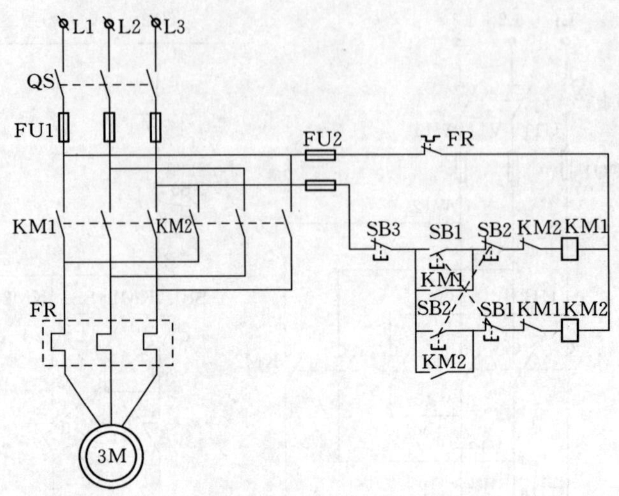

图 3-33 实验电路

（5）切断电源，拆除线路。

巩 固 与 练 习

一、填空题

1. 电容器的基本特性是______________。

2. 有一个 47μF 的电容器，其两端加上 9V 的直流电压，充电结束后，电容器极板上所带的电荷量是__________。

3. 电容器串联电路的________相等；电容器并联电路的________相等。

4. 有 2 个电容器，$C_1=3\mu$F，$C_2=6\mu$F，将它们串联后接到 120V 的电压上，电容器 C_1 两端的电压为________，电容器 C_2 两端的电压为________；若将它们并联后接到 120V 的电压上，则电容器 C_1 所带的电荷量为________，电容器 C_2 所带的电荷量为____________。

5. 磁感应强度，也称为________，用字母________表示。磁感应强度的单位是________，用字母________表示。

6. 磁场中某点的磁场强度等于该点的________与________的比值，即____________。

7. 由于线圈本身的电流变化而产生的电磁感应现象，称为__________。

8. 通电导体在磁场中所受的作用力称为________________，也称____________。

9. 利用磁场产生电流的现象称为________，由此产生的电流为________。

二、判断题

1. 从公式 $C=\dfrac{q}{U}$ 可知，电容器的电容量会随其两端所加电压的增大而增大。（ ）

2. n 个电容器串联后的总电容一定大于其中任何一个电容器的容量。(　　)

3. 若干只不同容量的电容器并联，各电容器所带电荷量均相等。(　　)

4. 耐压是指电容器正常工作时允许加的最大电压值。(　　)

5. 电解电容器的两个极有正、负极性之分，使用时要特别注意。(　　)

6. 磁感线总是始于磁体的N极，终止于磁体的S极。(　　)

7. 当通过线圈的电流发生变化时，线圈中就会产生自感电动势。(　　)

8. 有电流必有磁场，有磁场必有电流。(　　)

9. 通电的直导体周围存在着磁场，磁场方向可用右手螺旋定则来判断。(　　)

10. 闭合回路中的部分导体在磁场中作切割磁感线运动时，回路中会产生感应电流，感应电流的方向可用右手定则判定。(　　)

三、选择题

1. 有一电容为30μF的电容器，接到直流电源上对它充电，这时它的电容为30μF；当它不带电时，它的电容是(　　)。

A、0　　B、15μF　　C、30μF　　D、10μF

2. 有两个电容器 C_1 和 C_2 并联，且 $C_1=2C_2$，则 C_1、和 C_2 所带的电荷是 Q_1、和 Q_2 之间的关系是(　　)。

A、Q_1 = 和 Q_2　　B、$Q_1=2Q_2$　　C、$2Q_1=Q_2$　　D、以上答案都不对

3. 电容器并联使用时将使总电容量(　　)。

A、增大　　B、减小　　C、不变　　D、无法判断

4. 1μF和2μF的电容器串联后接在30V的电源上，则1μF电容器两端电压为(　　)。

A、10V　　B、15V　　C、20V　　D、30V

5. 两个相同的电容器并联之后的等效电容，跟它们串联之后的等效电容之比为(　　)。

A、1∶4　　B、4∶1　　C、1∶2　　D、2∶1

6. 磁感线上任一点(　　)方向与该点的磁场方向一致。

A、曲线　　B、切线　　C、直线　　D、S极

7. 通电线圈插入铁芯后，它的磁场将(　　)。

A、增强　　B、减弱　　C、不变　　D、不确定

8. 通电导体在磁场中所受电磁力的方向可用(　　)判定。

A、右手判定　　B、右手螺旋定则

C、左手定则　　D、楞次定律

9. 当一段导体切割磁感线运动时，下面说法正确的是(　　)。

A、一定有感应电流　　B、有感应磁场

C、会产生感应电动势　　D、有感应磁场阻碍导线运动

10. 下面说法正确的是(　　)。

A、两个互感线圈的同名端与线圈中的电流大小有关

B、两个互感线圈的同名端与线圈中的电流方向有关

C、两个互感线圈的同名端与线圈中的电流绕向有关

D、两个互感线圈的同名端与线圈中的电流绕向无关

四、计算题

1. 现有一个电容器，它的电容为 10μF，加在电容器两端的电压为 300V，求该电容器极板上存储的电荷量为多少？

2. 在某电子电路中需要一只耐压为 500V，电容为 4μF 的电容器，但现在只有耐压为 250V，电容为 4μF 的电容器若干，问通过怎样的连接方法才能满足要求。

3. 试判断 3－34 所示各载流导体的受力方向。

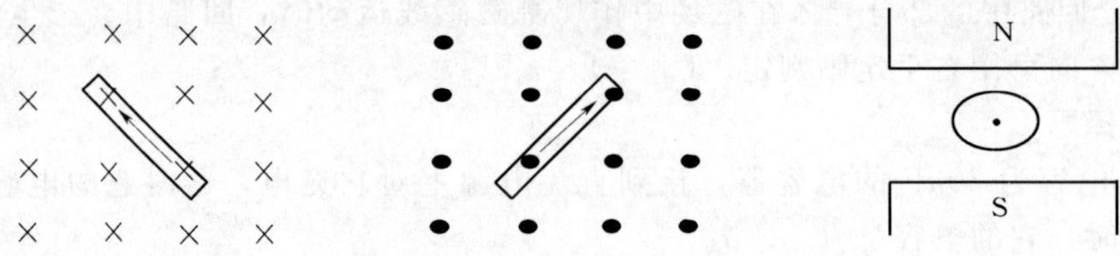

图 3－34 计算题 3 图

4. 试判断 3－35 所示各闭合回路运动导体中感应电流的方向。

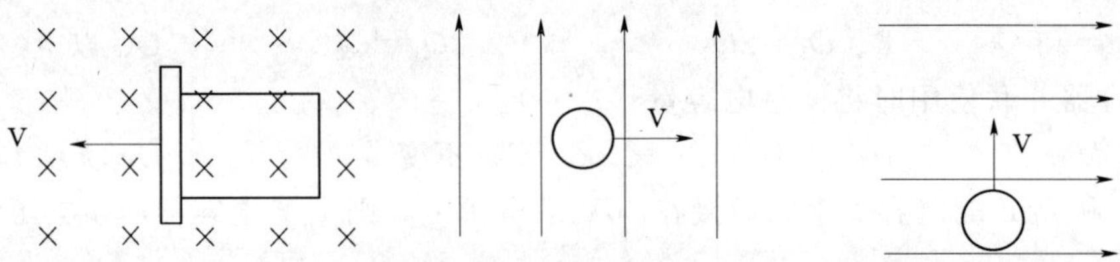

图 3－35 计算题 4 图

5. 试判断如图 3－36 所示通电导体或螺线管周围的磁场。

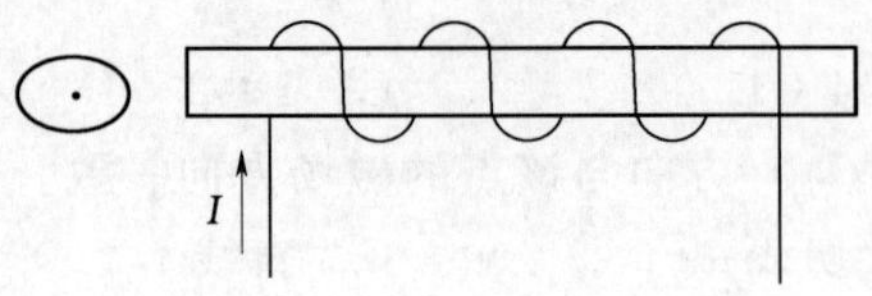

图 3－36 计算题 5 图

6. 已知匀强磁场的磁感应强度 $B=0.8\text{T}$，磁感线垂直穿过铁芯，铁芯的横截面积为 20cm^2，求通过铁芯横截面的磁通。

7. 在匀强磁场中，把长 20cm 的导体和磁场方向垂直放置，流过导体的电流为 5A，导线受到的电磁力为 0.01N，求这一匀强磁场的磁感应强度。

项目四 单相正弦交流电路

任务一 正弦交流电的概念

知识一 正弦交流电的产生

一、正弦交流电的特点

大小和方向随时间按正弦规律变化的电流称为正弦交变电流，简称交流电（ac 或 AC）。目前，无论是生产用电还是生活用电，绝大部分都应用交流电。交流电被广泛采用的主要原因是其具有以下特点：

（1）交流发电机比直流发电机结构简单。

（2）交流电压易于改变。在电力系统中，应用变压器可以方便地改变电压，高压输电可以减少线路上的损耗；降低电压以满足不同用电设备的电压等级。

（3）交流电动机比直流电动机性能优越、使用方便。因而，发电厂发的电都是交流电，即使在需要直流的地方，往往也是将交流电通过整流设备变换为直流电。

二、正弦交流电动势的产生

正弦交流电动势是正弦交流发电机所产生的。图 4－1 为交流发电机结构示意图，在一对固定磁极 N、S 之间，放置一个圆柱形铁芯（铁芯通常是由硅钢片叠成）。铁芯表面的线槽中嵌有线圈 AX，铁芯和线圈（俗称电枢或转子）可以绕转轴旋转。线圈的两端分别接到两只相互绝缘的铜质滑环上，滑环与连接外电路的碳质电刷滑动接触。当发电机转子在外力作用下旋转时，线圈 AX 的有效边将切割磁力线而产生感应电动势。

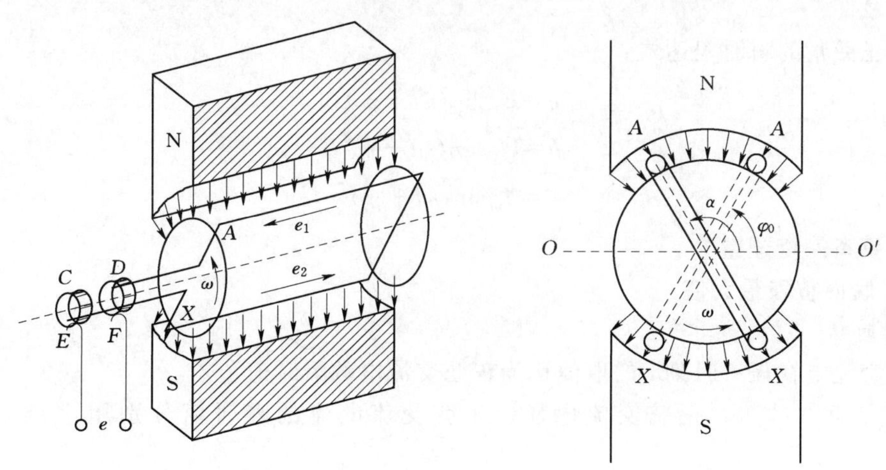

图 4－1 交流发电机结构示意图

由于发电机的磁极采用特殊结构，所以发电机产生的电动势是随时间 t 按正弦规律变化的，如图 4－2 所示，故称之为正弦交流电动势。

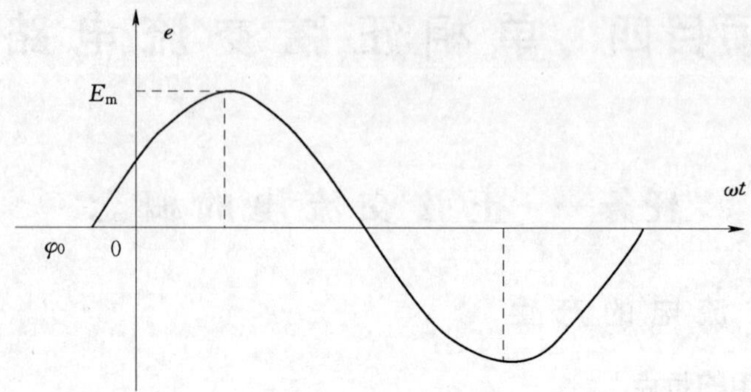

图 4－2　电动势

OO'为中性面，如果以线圈在中性面时的位置作为计时起点（$t=0$），线圈的旋转角速度为 ω，则在时间 t 时，线圈转到与中性面之间的夹角为 $\alpha=\omega t$ 处，线圈上所产生的电动势为：

$$e=E_m\sin\alpha=E_m\sin\omega t$$

一般情况下，以线圈处在与中性面夹角为 ψ 时为计时起点，则经过时间 t 时，此时线圈的感应电动势为：

$$e=E_m\sin(\omega t+\psi)$$

知识二　正弦交流电的三要素

一、正弦量

（1）正弦量的定义：按正弦规律变化的交流电动势、交流电压、交流电流等物理量统称为正弦量。

（2）正弦量的瞬时表达式：

$$e=E_m\sin(\omega t+\varphi_e)$$

$$u=U_m\sin(\omega t+\varphi_u)$$

$$i=I_m\sin(\omega t+\varphi_i)$$

二、基本的物理量

（一）瞬时值和最大值

1. 瞬时值

正弦交流电在任一时刻 t 的取值称为正弦交流电的瞬时值。

正弦交流电动势、正弦交流电压、正弦交流电流的瞬时值分别用字母 e、u 和 i 表示。

2. 最大值

正弦交流电瞬时值中的最大值称为正弦交流电的最大值（也叫振幅、峰值）。

正弦交流电动势、正弦交流电压、正弦交流电流的最大值分别用字母 E_m、U_m 和 I_m 表示。

（二）周期、频率和角频率

1. 周期

正弦交流电完成一次全变化所需的时间叫周期，用字母 T 表示，单位为 s（秒）。

2. 频率

单位时间（即 1s）内正弦交流电完成全变化的次数称为频率，用字母 f 表示，单位为 Hz（赫兹）。

周期与频率互为倒数，即

$$f=\frac{1}{T}\text{或}\ T=\frac{1}{f}$$

3. 角频率

单位时间（即 1s）内正弦交流电变化的电角度称为角频率，用符号 ω 表示，单位为 rad/s（弧度每秒）。

周期、频率、角频率三者之间有如下的关系：

$$\omega=2\pi f=\frac{2\pi}{T}$$

我国交流电网的频率（亦称为工频）为 50Hz，欧美、日本等国家的电网频率为 60Hz。

（三）相位和初相位

1. 相位

正弦函数符号后面的部分（$\omega t+\varphi$）称为相位角，简称为相位，这里用 ψ 表示，即 $\psi=\omega t+\varphi$，单位为 rad（［弧］度）。

2. 初相位

正弦交流电在初始时刻（$t=0$ 时）的相位 φ 称为初相位或初相角简称为初相，它反映了正弦交流电的起始状态。

$$|\varphi|\leqslant 180°$$

3. 相位差

两个同频率正弦交流电的相位之差称为相位差，用符号 $\Delta\psi$ 表示。

例：

$$u_1=U_{1m}\sin(\omega t+\varphi_1)$$

$$u_2=U_{2m}\sin(\omega t+\varphi_2)$$

则它们之间的相位差为

$$\Delta\psi_{12}=\psi_1-\psi_2=(\omega t+\varphi_1)-(\omega t+\varphi_2)=\varphi_1-\varphi_2=\Delta\varphi_{12}$$

上式表明，两个同频率正弦量之间的相位差等于它们的初相位之差，它是一个与时间无关的常数，表征了两个同频率正弦量变化的步调，即在时间上到达最大值（或零值）的先后顺序。

通常用绝对值小于 π（180°）的角来表示相位差。

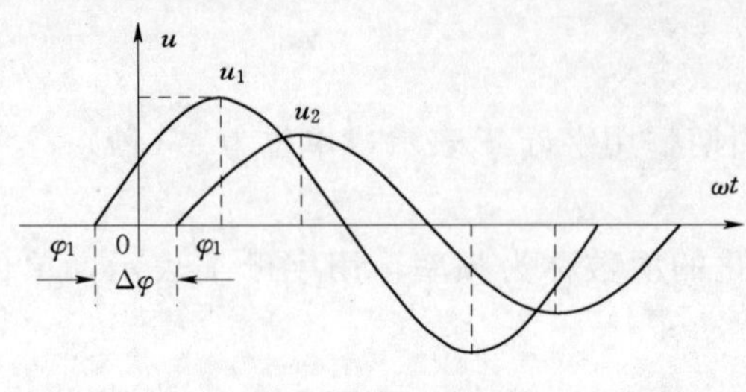

图 4-3　超前与滞后

4. 超前和滞后

当相位差 $0<\Delta\varphi_{12}=\varphi_1-\varphi_2<\pi$ 时，称 u_1 超前 u_2 $\Delta\varphi_{12}$ 角；或称 u_2 滞后 u_1 $\Delta\varphi_{12}$ 角，如图 4-3 所示。

5. 同相、反相与正交

当相位差 $\Delta\varphi_{12}=\varphi_1-\varphi_2=0$ 时，称 u_1 与 u_2 同相，如图 4-4（a）所示。

当相位差 $\Delta\varphi_{12}=\varphi_1-\varphi_2=180°$时，称 u_1 与 u_2 反相，如图 4-4（b）所示。

当相位差 $\Delta\varphi_{12}=\varphi_1-\varphi_2=90°$时，称与正交。如图 4-4（c）所示。

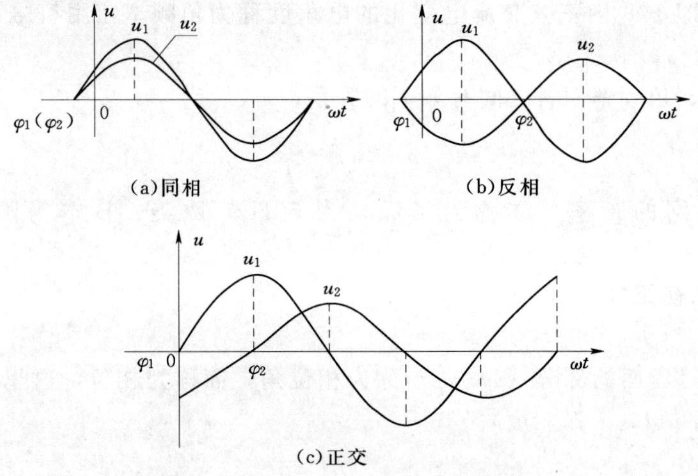

图 4-4　同相、反相与正交

（四）正弦量的三要素

最大值、角频率和初相位称为正弦交流电的三要素。

例 4-1　已知某正弦交流电动势的最大值为 311V，频率 50Hz，初相位为 $\pi/6$，试写出其瞬时值表达式，并绘出波形图。

解： 角频率

$$\omega=2\pi f=2\pi\times 50=314(\mathrm{rad/s})$$

其瞬时值表达式为：

$$e=E_{\mathrm{m}}\sin(\omega t+\varphi_{\mathrm{e}})=311\sin\left(314t+\frac{\pi}{6}\right)$$

绘出其波形图如图 4-5 所示。

三、正弦交流电的有效值和平均值

为了直观地反映正弦交流电在电路中能量转换的实际效果，客观地衡量正弦交流电大小，引出了衡量正弦交流电大小的另一个物理量——有效值。

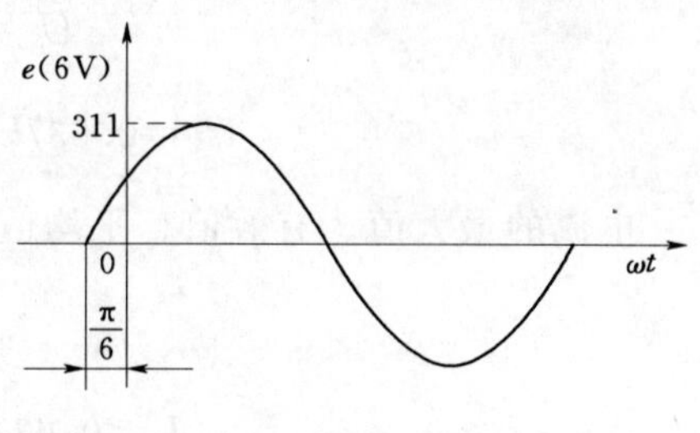

图 4-5　例 4-1 波形图

（一）正弦交流电的有效值

当一个交流电流和一个直流电流分别通过同一电阻，在相同的时间内产生相等的热量，则这个直流电的大小就被定义为该交流电流的有效值。也就是说，交流电的有效值就是与它热效应相等的直流值，用字母 I 表示。对于交流电压、交流电动势的有效值也有同样的定义，分别用字母 U 和 E 表示。

正弦交流电的有效值与其最大值之间的关系为

$$I=\frac{I_m}{\sqrt{2}}=0.707I_m$$

$$U=\frac{U_m}{\sqrt{2}}=0.707U_m$$

$$E=\frac{E_m}{\sqrt{2}}=0.707E_m$$

通常所说的交流电的值都是指其有效值。如用某些交流电表测量出来的数值是指其有效值；一般电气设备铭牌上所标注的电压、电流值同样是其有效值。以后凡涉及交流电的数值，只要没有特别声明都指其有效值。若标准电压 220V，也是指供电电压的有效值。

（二）正弦交流电的平均值

正弦交流电在半个周期内瞬时值的平均大小叫做正弦交流电的平均值。正弦交流电动势、正弦交流电压、正弦交流电流平均值分别用字母 E_a、U_a、I_a 表示。正弦交流电的平均值与最大值之间的关系为

$$E_a=\frac{2}{\pi}E_m=0.637E_m$$

$$U_a=\frac{2}{\pi}U_m=0.637U_m$$

$$I_a=\frac{2}{\pi}I_m=0.637I_m$$

例 4-2　已知正弦交流电 $u=220\sqrt{2}\sin(314t+60°)$，$i=10\sqrt{2}\sin(100\pi t-30°)$，试求它们的：

（1）最大值、有效值、平均值；

（2）相位、初相位、相位差；

（3）角频率、频率、周期；

（4）绘出其波形图。

解：（1）电压的最大值、有效值、平均值分别为

$$U_m=220\sqrt{2}V, U=220V$$

$$U_a=0.637U_m=0.637\times220\sqrt{2}=198(V)$$

电流的最大值、有效值、平均值为

$$I_m=10\sqrt{2}A, I=10A$$

$$I_a=0.637I_m=0.637\times10\sqrt{2}=9(A)$$

(2) 电压的相位、初相位分别为

$$\Psi_u=314t+60°, \varphi_u=60°$$

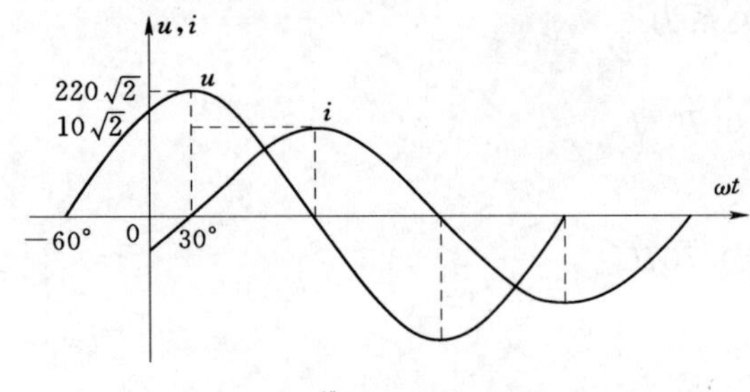

图 4-6　例 4-2 波形图

电流的相位、初相位分别为

$$\Psi_i=314t-30°, \varphi_i=-30°$$

因此相位差为

$$\Delta\Psi_{ui}=\varphi_u-\varphi_i=60°-(-30°)=90°$$

(3) 电压的角频率、频率、周期为

$$\omega=314rad/s, f=50Hz, T=0.02s$$

(4) 波形图：如图 4-6 所示。

[问题讨论]

若购得一台耐压为 300V 的电器，是否可用于 220V 的线路上？

知识三　正弦量的相量表示方法

一个正弦量可以用三角函数式（即解析式）表示，也可以用波形图表示，它们都能完整地反映正弦交流电的三要素。但为了方便对同频率的正弦交流电进行加、减运算，本知识点还将学习正弦交流电的矢量图表示法和相量表示法。

一、解析式表示法

用正弦函数式表示正弦交流电随时间变化的关系的方法称为解析式表示法。正弦交流电的瞬时值表达式就是交流电的解析式，其表达方式为

$$瞬时值=最大值\sin(角频率\ t+\varphi_0)$$

则电流、电压、电动势的解析式分别为

$$i=I_m\sin(\omega t+\varphi_{i0})$$

$$u=U_m\sin(\omega t+\varphi_{U0})$$

$$e=E_m\sin(\omega t+\varphi_{e0})$$

例 4-3　已知某正弦交流电压的解析式 $u=311\sin(314t+60°)v$，求这个正弦交流电压的最大值、有效值、频率、周期、角频率和初相。

解： 最大值　$U_m=311V$

有效值　$U=\dfrac{U_m}{\sqrt{2}}=\dfrac{311}{\sqrt{2}}V=220V$

角频率　　$\omega=314\text{rad/s}$

频率　$f=\dfrac{\omega}{2\pi}=\dfrac{314}{2\times3.14}(\text{Hz})=50\text{Hz}$

周期　$T=\dfrac{1}{f}=\dfrac{1}{50}(\text{s})=0.02\text{s}$

初相　　　$\varphi_0=60°$

二、波形图表示法

用正弦曲线表示正弦交流电随时间变化的关系的方法称为波形图表示法，简称波形图，如图 4-7 所示。

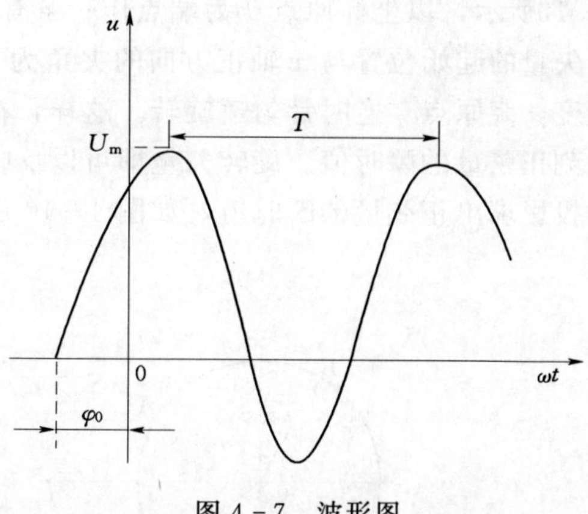

图 4-7　波形图

图 4-7 中的横坐标表示电角度 ωt 或时间 t，纵坐标表示随时间变化的电流、电压和电动势的瞬时值，波形图可以完整地反映正弦交流电的三要素。几种常见正弦交流电的波形图如图 4-8 所示。

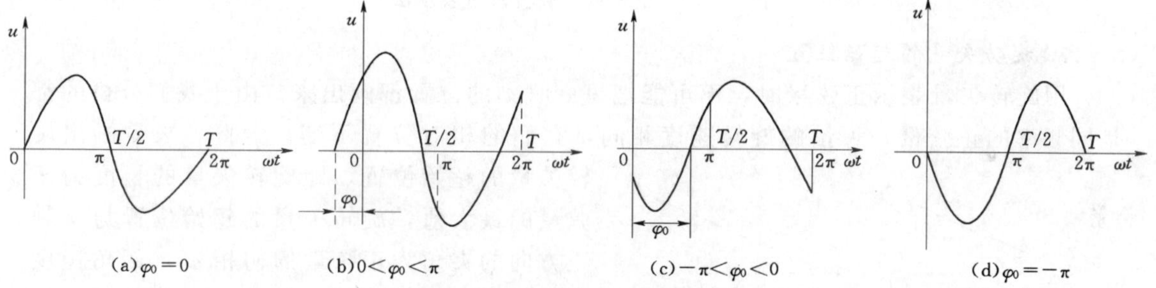

图 4-8　常见正弦交流电波形图

例 4-4　请写出如图 4-9 所示正弦交流电的解析式。

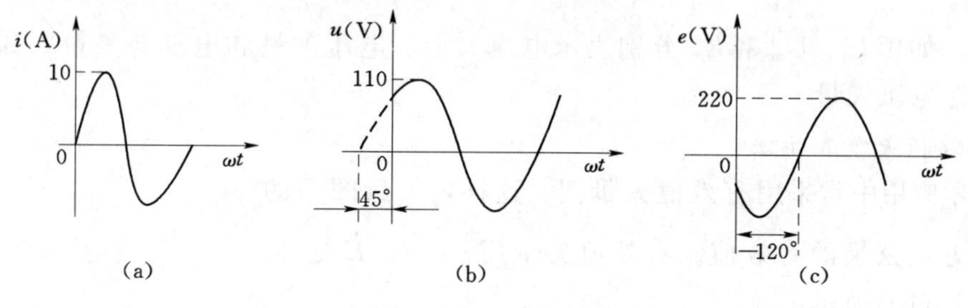

图 4-9　例 4-4 图

解：写正弦交流电的解析式，只要知道其三要素即可。

对于图 4-9（a），$I_m=10\text{A}$，$\varphi_0=0$，则其解析式为 $i=10\sin\omega tA$。

对于图 4-9（b），$U_m=110\text{V}$，$\varphi_0=45°$，则其解析式为 $u=110\sin(\omega t+45°)\text{V}$。

对于图 4-9（c），$E_m=220\text{V}$，$\varphi_0=-120°$，则其解析式为 $e=220\sin(\omega t-120°)\text{V}$。

三、矢量图表示法

1. 旋转矢量

旋转矢量是一个在直角坐标系中绕原点的矢量，它是相位随时间变化的矢量。如图

4－10所示，以坐标原点0为端点作一条有向线段，线段的长度为正弦量的最大值U_m，旋转矢量的起始位置与x轴正方向的夹角为正弦量的初相φ_0，它以正弦量的角频率ω为角速度，绕原点0逆时针匀速旋转。这样，在任何一瞬间，旋转矢量在纵轴上的投就等于该时刻正弦量的瞬时值。旋转矢量即可以反映正弦交流电的三要素，又可以通过它在纵轴上的投影求出正弦量的瞬时值，如图4－10所示，因此，旋转矢量能完整地表示出正弦量。

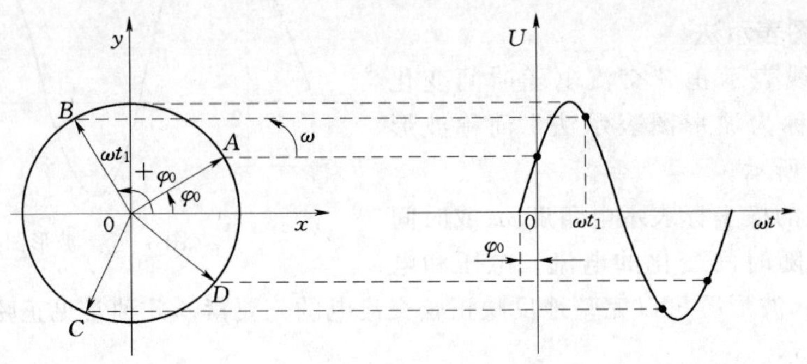

图4－10　正弦量的旋转矢量表示法

2. 旋转矢量的起始位置

用旋转矢量表示正弦量时，不可能把每一时刻的位置都画出来。由于我们分析的都是同频率的正弦量，矢量的旋转速度相同，它们的相对位置不变。因此，只需画出旋转矢量的超始位置，即旋转矢量的长度为正弦量的最大值，旋转矢量的超始位置与x轴正方向的夹角为正弦量的初相φ_0，而角速度不必标明。由此可见，一个正弦量只要它的最大值和初相确定后，表示它的矢量就可确定。旋转矢量通常用大写字母上加黑点的符号来表示，如用$\dot{I}_m$、$\dot{U}_m$和$\dot{E}_m$分别表示电流矢量、电压矢量和电动势矢量，如图4－11(a)所示为电压矢量。

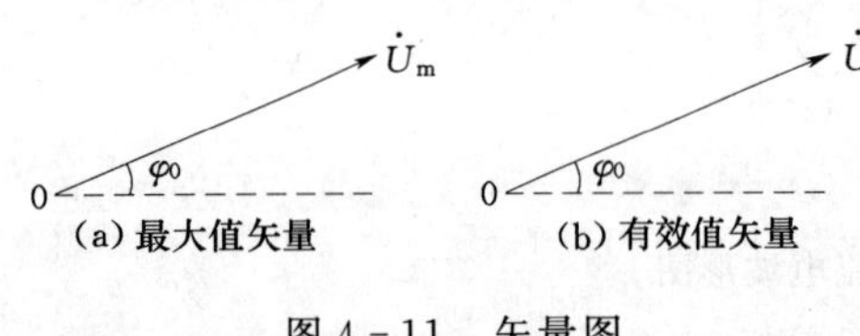

图4－11　矢量图

3. 有效值矢量表示法

在实际应用中常采用有效值矢量图。这样，矢量图中的长度就变为正弦量的有效值。有效值矢量用$\dot{I}$、$\dot{U}$、$\dot{E}$表示，如图4－11(b)所示。

例4－5　已知正弦交流电压$u=110\sqrt{2}\sin(\omega t+45°)$V，正弦交流电流$i=10\sqrt{10}\sin(\omega t-30°)$A，试画出它们的矢量图。

解： 同频率的几个正弦量的矢量，可以画在同一边上，画出电压与电流的矢量图如图4－12所示。

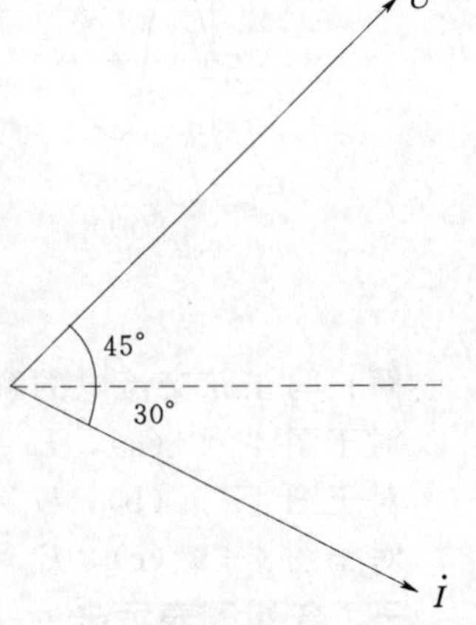

图4－12　电压与电流的矢量图

由以上分析可知，正弦交流电可以用解析式、波形图和矢量图表示。解析式是正弦交流电常见的表示方法，波形图比较直观，它们都能完整地表示正弦交流电，但进行正弦量加、减运算时比较麻烦。矢量图是分析同频率正弦交流电路的常用工具。

4. *相量表示方法*

正弦量　　$u=U_m\sin(\omega t+\varphi)$

相量表示式　　$\dot{U}=U\angle\varphi$

相量图如图 4－13 所示。

注意：

(1) 描述正弦量的有向线段称为相量（phasor）。若其幅度用最大值表示，则用符号 $\dot{U}_m$、$\dot{I}_m$ 表示。

(2) 在实际应用中，幅度更多采用有效值，则用符号 $\dot{U}$、$\dot{I}$ 表示。

(3) 相量符号 $\dot{U}$、$\dot{I}$ 包含幅度与相位信息。

例 4－6　已知正弦电压

$$u_1=\sqrt{2}\ 100\sin(314t+60^\circ)\text{V}$$

$$u_2=\sqrt{2}\ 50\sin(314t-60^\circ)\text{V}$$

写出表示 u_1 和 u_2 的相量表示式，并画出相量图。

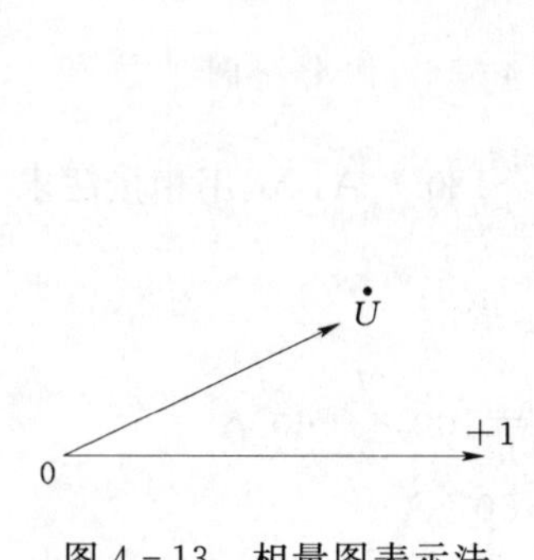

图 4－13　相量图表示法

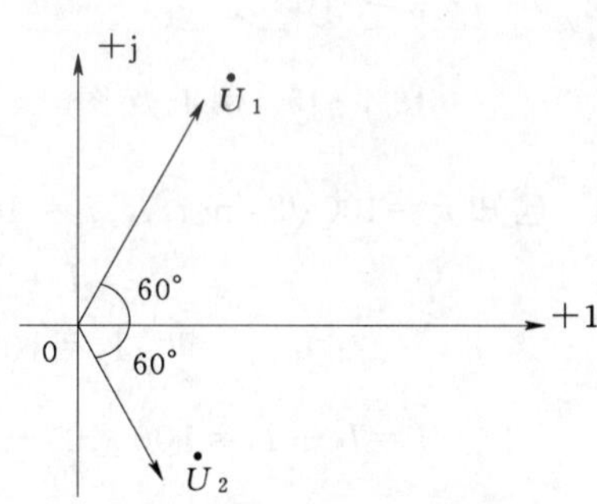

图 4－14　例 4－6 相量图

解： 根据题意可知

$$\dot{U}_1=100\angle 60^\circ\text{V}$$

$$\dot{U}_2=50\angle -60^\circ\text{V}$$

相量图如图 4－14 所示。

注意：

(1) 只有正弦量才能用相量表示，非正弦量不可以。

(2) 只有同频率的正弦量才能画在一张相量图上。

四、同频率的正弦量的加减运算——遵循平行四边形法则

几个同频率正弦量叠加后（加或减），合成量仍是一个正弦量，只是振幅和初相位发生了变化，而频率不变化。这一点可以通过瞬时值表示式的相加减、通过三角函数运算得到证明。也就是说，在正弦量的运算过程中，频率不参与运算。相量分析法的解题步骤为：

(1) 画出各正弦量的相量图。

(2) 用平行四边形法则画出合成相量的相量图。

(3) 用几何和三角关系求出合成相量的长度及其表示的幅值大小，求出合成相量与横轴的夹角。

(4) 根据合成相量，写出合成正弦量的瞬时值表达式。

例 4-7　两个正弦电流 $i_1=\sqrt{2}I_1\sin(\omega t+\varphi_1)$，$i_2=\sqrt{2}I_2\sin(\omega t+\varphi_2)$，利用相量分析法求 $i=i_1+i_2$。

解： 在平面直角坐标上画出 i_1、i_2 所对应的相量，然后以此相量为平行四边形相邻两边，做出平行四边形，则平行四边形过原点的对角线即为 i_1、i_2 所对应相量的合成相量，根据合成相量写出全成正弦量的瞬时值表达式，如图 4-15 所示。

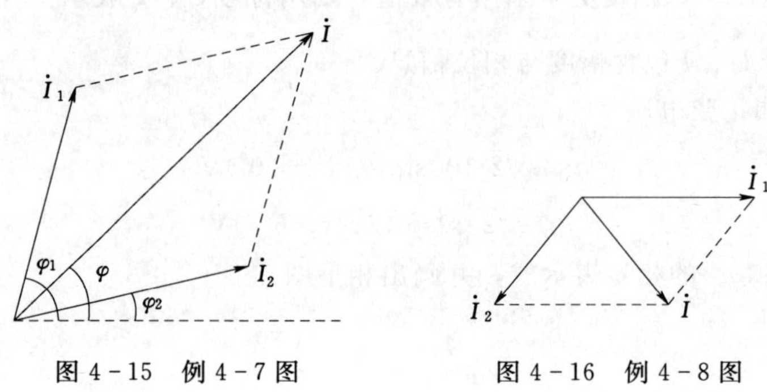

图 4-15　例 4-7 图　　　图 4-16　例 4-8 图

例 4-8　已知 $i_1=100\sqrt{2}\sin\omega t$ A，$i_2=100\sqrt{2}\sin(\omega t-120°)$ A，试用相量法求 $i=i_1+i_2$。

解：

$$I_1=100\angle 0°\text{A}$$

$$I_2=100\angle -120°\text{A}$$

$$\dot{I}=I_2+I_2=100\angle 0°+100\angle -120°=100\angle -60°\text{A}$$

$$i=i_1+i_2=100\sqrt{2}\sin(\omega t-60°)\text{A}$$

相量图分析如图 4-16 所示。

任务二　正弦电路中的电阻、电感和电容元件

知识一　纯电阻、电感和电容元件电路

一、电阻元件

1. 电阻元件上电压与电流的关系

当电阻两端加上正弦交流电压时，电阻中就有交流电流通过，电压与电流的瞬时值仍然遵循欧姆定律。在图 4-17 中，电压与电流为关联参考方向，则电阻上的电流为'

$$i_R=\frac{u_R}{R}$$

如加在电阻两端的正弦交流电压为

$$u_R = U_{R_m}\sin(\omega t + \varphi_R)$$

则电路中的电流为

$$i_R = \frac{u_R}{R} = \frac{U_{R_m}\sin(\omega t + \varphi_R)}{R} = I_{R_m}\sin(\omega t + \varphi_i)$$

其中

$$I_{R_m} = \frac{U_{R_m}}{R} \quad \varphi_i = \varphi_R$$

写成有效值关系为

$$I_R = \frac{U_R}{R} \quad 或 \quad U_R = RI_R$$

其波形图如图 4－18 所示。

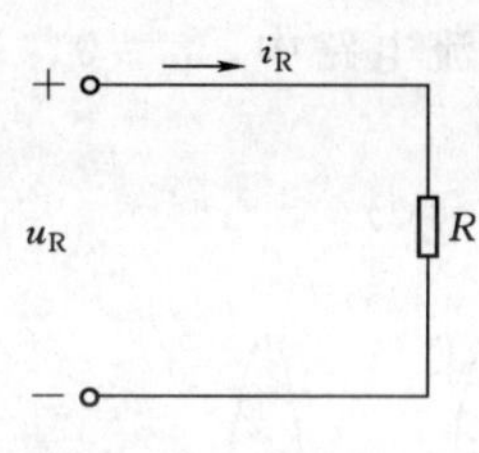

图 4－17　纯电阻电路

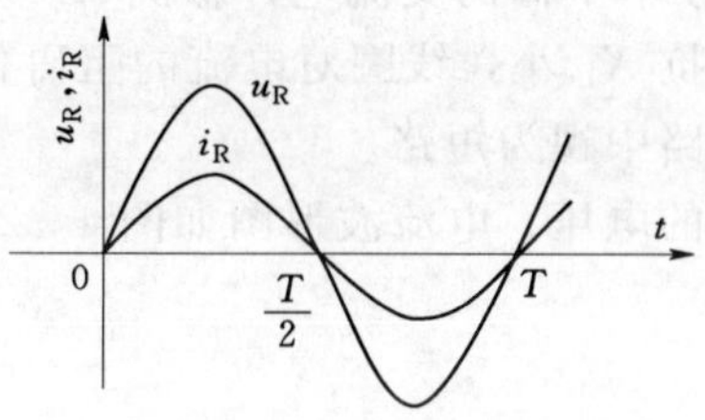

图 4－18　波形图

从以上分析可知：

(1) 电阻两端的电压与电流同频率、同相位。

(2) 电阻两端的电压与电流的数值上成正比。

2. 电阻元件的功率

(1) 瞬时功率

$$P = u_R i_R$$

(2) 平均功率

$$P = U_R I_R = I_R{}^2 R = U_R{}^2/R$$

由于平均功率是电阻元件实际消耗的功率，所以又称为有功功率或电阻上消耗的功率。习惯上把“平均”、“有功”或“消耗”二字省略，简称功率。比如 25W 的白炽灯泡、100W 的电烙铁、1500W 的电阻炉等，都是指它们的有功功率。

二、电感元件

1. 电感元件上电压和电流的关系

当电感两端加上正弦交流电压时，电感中就有交流电流通过，电压与电流的瞬时值关系为

$$u_L = L\frac{di_L}{dt}$$

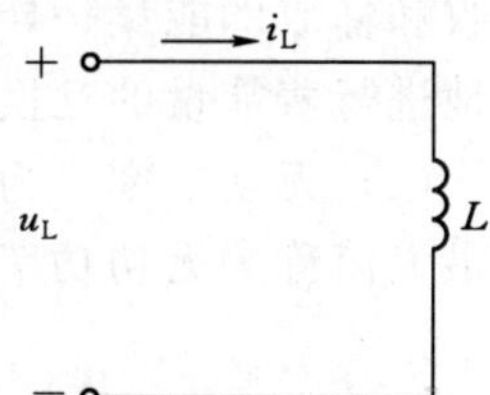

图 4－19　纯电感电路

在图 4－19 中，电压与电流为关联参考方向，则电感上的电压和电流关系为

$$u_L = L\frac{di_L}{dt} = L\frac{dI_{Lm}\sin(\omega t + \varphi_i)}{dt} = U_{Lm}\sin\left(\omega t + \varphi_i + \frac{\pi}{2}\right)$$
$$= U_{Lm}\sin(\omega t + \varphi_u)$$

从上可知：

$$U_{Lm}=\omega LI_{Lm},\quad \varphi_u=\varphi_i+\frac{\pi}{2},\quad U_L=\omega LI_L$$

则从以上分析可知：

(1) 电感两端的电压与电流同频率。

(2) 电感两端的电压在相位上超前电流 90°，即

$$\varphi_u=\varphi_i+\frac{\pi}{2}$$

(3) 令 $X_L=\omega L$，电感两端的电压与电流有效值（或最大值）之比为

$$U_L=IX_L$$

式中：X_L 称为感抗，用来表示电感元件对电流阻碍作用的一个物理量，与角频率成正比，Ω。对于频率 f 高的交流电，感抗 X_L 大，线圈对电流的阻碍作用大；对于频率 f 低的交流电，感抗 X_L 小，线圈对电流的阻碍作用小。在直流电路中，$\omega=0$、$X_L=0$，所以电感在直流电路中视为短路。

电感元件的电压、电流波形图如图 4-20 所示（设 $\varphi_i=0$）。

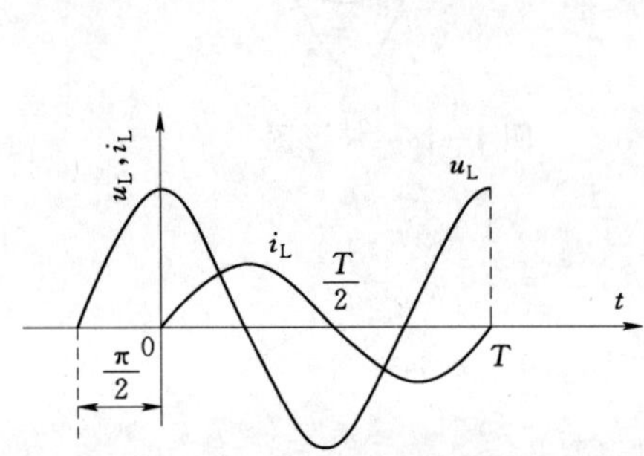

图 4-20　电压、电流波形图

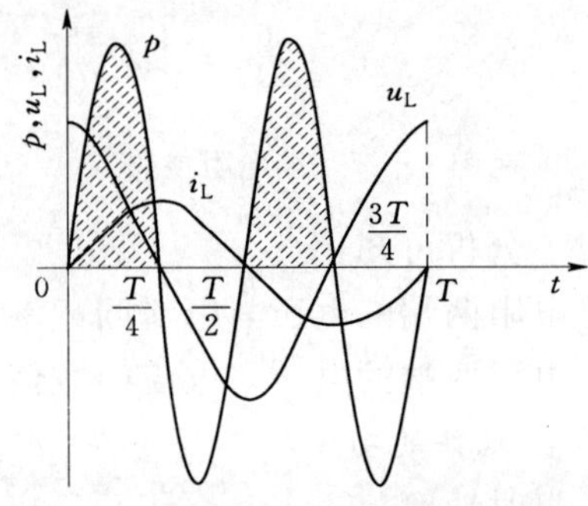

图 4-21　波形图

2. 电感元件的功率

(1) 瞬时功率：

$$p=u_Li_L$$

波形图如图 4-21 所示。

从图 4-20 中可知，电感元件的平均功率为零，说明在交流电的一个周期内电感元件吸收和释放的能量一样多，故称电感为储能元件，它本身不消耗能量，只是与电源之间不断地进行着能量的互换。

(2) 无功功率。为了衡量电源与电感元件间的能量交换的大小，把电感元件瞬时功率的最大值称为无功功率，用 Q_L 表示，即

$$Q_L=U_LI_L=I_L^2X_L=\frac{U_L^2}{X_L}$$

无功功率的单位为 var（乏），工程中有时也用 kvar（千乏）。

三、电容元件

1. 电容元件上电压和电流的关系

当电容两端加上正弦交流电压时，电容中就有交流电流通过，电压与电流的瞬时值关系为

$$i_C=C\frac{du_C}{dt}$$

在图 4-22 中，电压与电流为关联参考方向，则电容上的电压和电流关系为

$$u_C = U_{Cm}\sin(\omega t + \varphi_u)$$

$$i_C = C\frac{du_C}{dt} = C\frac{dU_{Cm}\sin(\omega t + \psi_u)}{dt} = I_{Cm}\sin\left(\omega t + \varphi_u + \frac{\pi}{2}\right)$$

从上可知：

$$I_{Cm} = \omega C U_{Cm}, \varphi_i = \varphi_u + \frac{\pi}{2}, U_C = X_C I_C$$

则从以上分析可知：

(1) 电容两端的电压与电流同频率。

(2) 电容两端的电压在相位上滞后电流 90°，$\varphi_i = \varphi_u + \frac{\pi}{2}$。

(3) 电容两端的电压与电流有效值（或最大值）之比为

$$X_C = \frac{1}{\omega C} = \frac{1}{2\pi f C}$$

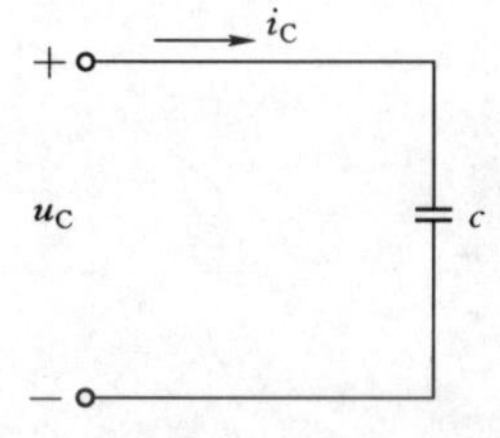

图 4-22　纯电容电路

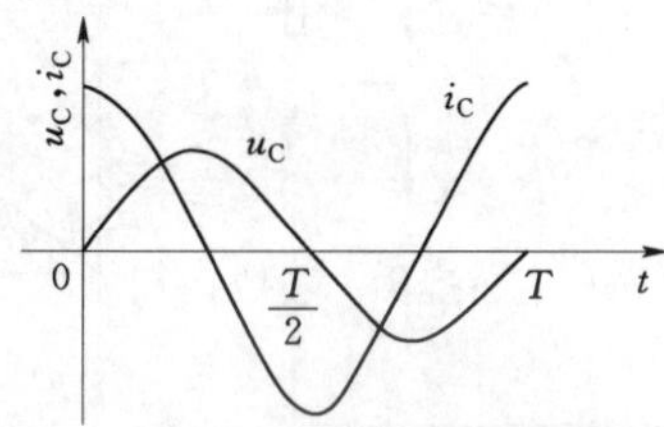

图 4-23　电压、电流波形图

式中：X_C 称为容抗，反映了电容元件对电流的阻碍作用，容抗 X_C 与电容器的电容量 C 及电源的频率 f 成反比。当频率 f 较小时，容抗 X_C 大，电容器对电流的阻碍作用大；当频率 f 较高时，容抗 X_C 小，电容器对电流的阻碍作用小。特别是，当电源频率 $f=0$ 时（相当于直流电），电容对电流的阻碍作用趋于无穷大，此时虽有电压作用于电容，但电流却为零，电容器相当于开路。

电容元件的电压、电流波形图如图 4-23 所示（设 $\varphi_i=0$）。

2. 电容元件的功率

(1) 瞬时功率：

$$p = u_C i_C$$

电容元件的功率波形图如图 4-24 所示，从波形图中可知，电容元件的平均功率为零，说明在交流电的一个周期内电容元件吸收和释放的能量一样多，故称电容为储能元件，它本身不消耗能量只是与电源之间不断地进行着能量的互换。

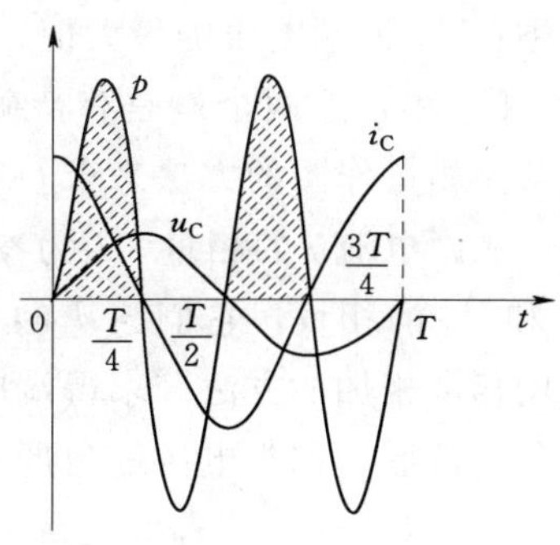

图 4-24　波形图

(2) 无功功率。为了衡量电源与电容元件间的能量交换的大小，把电容元件瞬时功率的最大值称为无功功率，用 Q_C 表示，即

$$Q_C = U_C I_C = I_C^2 X_C = \frac{U_C^2}{X_C}$$

无功功率的单位为 var（乏），工程中有时也用 kvar（千乏）。

知识二　R、L、C 串联电路

前面我们讨论了三种基本的电路元件——R、L、C 在正弦电路中的电压、电流关系及功率情况。在此基础上，下面来讨论由这三种元件串联起来的正弦电路，这类电路有一定的典型性，而 R、L 串联电路和 R、C 串联电路是它的特例。

一、电压和电流的关系

R、L、C 串联电路如图 4-25 所示，图中标出了电流、电压的参考方向。

设电路中的电流 $i=I_m \sin\omega t$ 为参考正弦量，则电阻元件 R 上的电压为：

$$U_R = RI_m \sin\omega t = U_{Rm}\sin\omega t$$

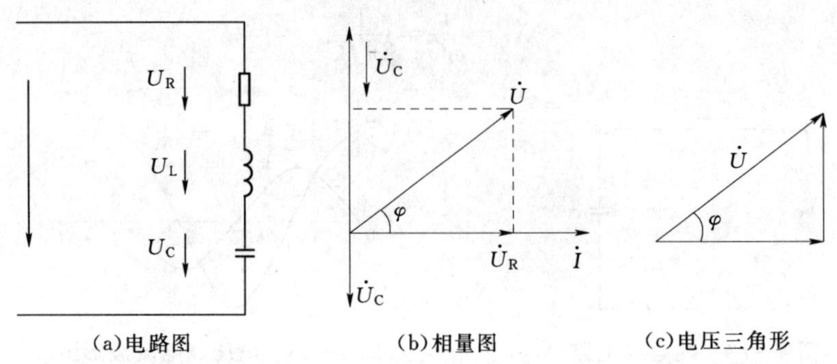

(a)电路图　(b)相量图　(c)电压三角形

图 4-25　R、L、C 串联电路

电感元件 L 上的电压为

$$U_L = X_L I_m \sin(\omega t + 90°) = U_{Lm}\sin(\omega t + 90°)$$

电容元件 C（电容为 C）上的电压为

$$U_C = X_C I_m \sin(\omega t - 90°) = U_C m \sin(\omega t - 90°)$$

电路的端电压（即总电压）为以上三个电压之和。由于同频率的三个正弦量之和仍为一同频率的正弦量，所以端电压为

$$U = U_R + U_L + U_C = U_m \sin(\omega t + \varphi)$$

式中：U_m 为端电压的最大值；φ 为 U 与 I 的相位差。

U_m 和 φ 这两个量是有待确定的。由于用三角函数相加的方法求 U_m 和 φ 很麻烦，所以常用相量作图的方法来求 U_m（或 U）和 φ。

先画电流 i 的相量，I 为参考相量，如图 4-25（b）所示；再画三个元件的电压 U_R、U_L和 U_C 的相量，它们与 I 的相位关系是：U_R 与 I 同相，U_L 超前 $I90°$。U_C 滞后 $I90°$；应用相量相加的方法，求得端电压 U 的相量。由电压相量 U_R、（U_L+U_C）及 U 所组成的直角三角形，称为电压三角形，如图 4-25（c）所示。其中

$U_X=U_L+U_C$，称为电抗电压，其有效值为

$$U_X = U_L - U_C \qquad (\text{这里设 } U_L > U_C)$$

由电压三角形可求得端电压的有效值，即

$$U=\sqrt{U_R^2+(U_L-U_C)^2}=\sqrt{U_R^2+U_X^2}$$

也可求得端电压与电流的相位差，为 $\varphi=\arctan\dfrac{U_L-U_C}{U_R}$

所以在 R、L、C 串联电路中，端电压有效值和电阻电压、电抗电压有效值之间构成直角三角形（称为电压三角形）的关系，φ 即为电压与电流的相位差。

此外，将 $U_R=RI$、$U_L=X_LI$、$U_C=X_CI$ 代入总电压与各分电压之间的关系式中，则 $U=\sqrt{(RI)^2+(X_LI-X_CI)^2}=I\sqrt{R^2+(X_L-X_C)^2}$。

上式整理后得

$$I=\frac{U}{\sqrt{R^2+(X_L-X_C)^2}}=\sqrt{R^2+X^2}$$

则

$$Z=\sqrt{R^2+(X_L-X_C)^2}=\sqrt{R^2+X^2}$$

把 $X=X_L-X_C$ 称为电抗，它是电感与电容共同作用的结果；把 Z 称为交流电路的阻抗，它是电阻与电抗共同作用的结果。电抗和阻抗的单位均为 Ω（欧［姆]）。

同理，将电压三角形三边同除以电流 I，可以得到由阻抗 Z、电阻 R 和电抗 X 组成的阻抗三角形，如图 4-26 所示。

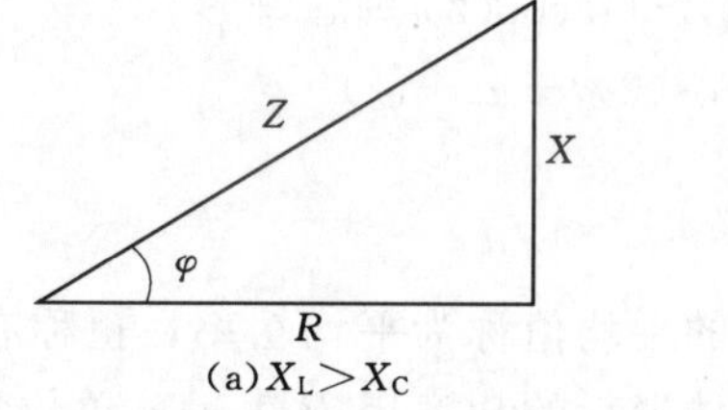

(a) $X_L>X_C$

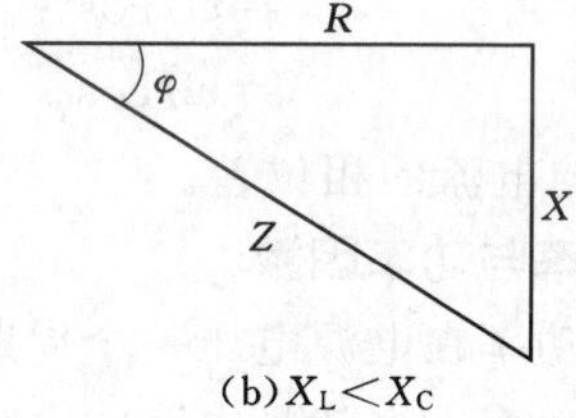

(b) $X_L<X_C$

图 4-26 阻抗三角形

由阻抗三角形可知，电路的阻抗角 φ 为

$$\varphi=\arctan\frac{X}{R}=\arctan\frac{X_L-X_C}{R}$$

则阻抗角的大小取决于电路的参数 R、L、C 及电源频率 f，电抗 X 的值决定着电路的性质。

二、电路的三种情况

根据式 $\varphi=\arctan\dfrac{X_L-X_C}{R}$ 随着 X_L 和 X_C 的值不同，R、L、C 串联电路有三种情况。

(1) $X_L>X_C$。此时 $\varphi>0$，表明电压超前于电流。图 4-24 (b) 的相量图就是按这种情况画出的，这种电路称为电感性电路。

(2) $X_L<X_C$。此时 $\varphi<0$，表明电压滞后于电流。相量图如图 4-27 所示，这种电路称为电容性电路。

(3) $X_L=X_C$。此时 $\varphi=0$，表明电压和电流同相位。相量图如图 4-28 所示，这种电路称为电阻性电路。由于电路在这种情况下发生谐振，有其特殊的一些现象，将在以后专门进行讨论。

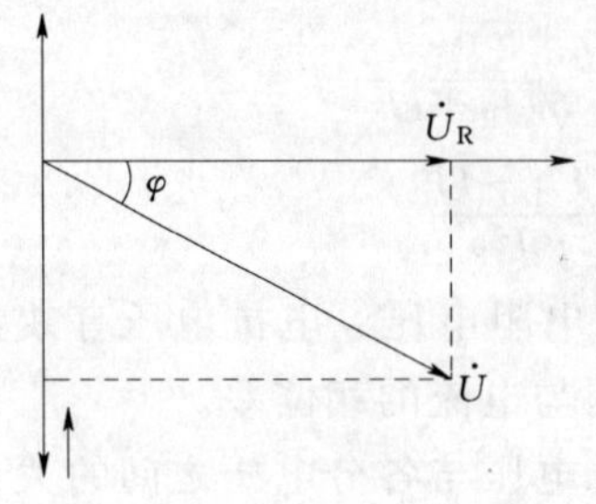

图 4-27　电容性电路的相量图

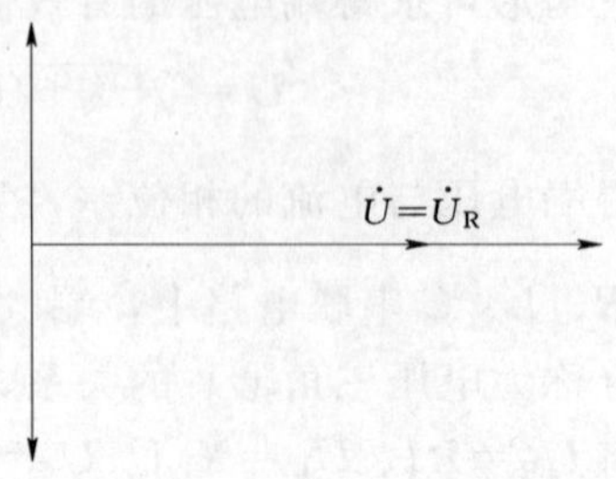

图 4-28　电阻性电路的相量图

知识三　正弦交流电路的功率

一、瞬时功率

电路在任一瞬间吸收的功率称为瞬时功率。设正弦交流电路输入端口的电压与电流取关联参考方向，它们分别为 $u=\sqrt{2}U\sin(\omega t+\varphi_u)$，$i=\sqrt{2}I\sin(\omega t+\varphi_i)$，则瞬时功率为

$$\begin{aligned}p=ui&=2UI\sin(\omega t+\varphi_u)\sin(\omega t+\varphi_i)\\&=2UI\cdot\frac{1}{2}[\cos(\omega t+\varphi_u-\omega t-\varphi_i)-\cos(\omega t+\varphi_u+\omega t+\varphi_i)]\\&=UI\cos(\varphi_u-\varphi_i)-UI\cos(2\omega t+\varphi_u+\varphi_i)\\&=UI\cos\varphi-UI\cos(2\omega t+\varphi_u+\varphi_i)\end{aligned}$$

式中：φ 为电压与电流的相位差。

二、平均功率与功率因数

电路的瞬时功率在电源电压一个周期内的平均值称为平均功率，也称有功功率，它是电路实际消耗的功率，也就是电路中电阻元件消耗的功率用 P 表示，单位为 W（瓦）。根据定义可知：

$$\begin{aligned}P&=\frac{1}{T}\int_0^T p\mathrm{d}t=\frac{1}{T}\int_0^T UI\cos\varphi\mathrm{d}t-\frac{1}{T}\int_0^T UI\cos(2\omega t+\varphi_u+\varphi_i)\mathrm{d}t\\&=UI\cos\varphi\end{aligned}$$

可见：

（1）P 是一个常量，不仅与电压、电流有效值有关，还与它们相位差的余弦有关。

（2）式中 $\cos\varphi$ 称为功率因数，通常用 λ 表示，即 $\lambda=\cos\varphi$。因为 $0\leqslant|\varphi|\leqslant 90°$，所以 $0\leqslant\cos\varphi\leqslant 1$。

（3）对于纯电阻来说，电压与电流同相，$\varphi=0$，$\cos\varphi=1$，$P_R=UI$；对于纯电感来说，电压超前电流 90°，$\varphi=90°$，$\cos\varphi=0$，所以 $P_L=0$；而对于纯电容来说，电压滞后电流 90°，$\varphi=-90°$，$\cos\varphi=0$，所以 $P_C=0$。

（4）平均功率守恒，即 $P_{总}=P_1+P_2+P_3+\cdots+P_n$。

三、无功功率

电路中电容、电感元件与电源之间能量互换的规模，称为交流电路的为无功功率，用字母 Q 表示，单位为 var（乏）。

$$Q=UI\sin\varphi$$

可见：

(1) Q 也是一个常量，由 U、I 及 $\sin\varphi$ 三者乘积确定。

(2) $Q_R=0$，$Q_L=UI$，$Q_C=-UI$。

(3) 无功功率也守恒，即 $Q_{总}=Q_1+Q_2+Q_3+\cdots+Q_n$。

四、视在功率

在电工技术中，把电路端口电压有效值与电流有效值的乘积称为电路的视在功率，用字母 S 表示，单位为 VA（伏安），即

$$S=UI$$

它反映电源设备的额定容量。

* 视在功率无物理意义，不满足守恒定律。

五、功率三角形

P、Q 和 S 三者之间可用三角形联系起来，此三角形称为功率三角形，如图 4-29 所示。

$$S=UI=\sqrt{P^2+Q^2}$$
$$P=UI\cos\varphi=S\cos\varphi$$
$$Q=UI\sin\varphi=S\sin\varphi$$
$$\lambda=\cos\varphi=\frac{P}{S}$$

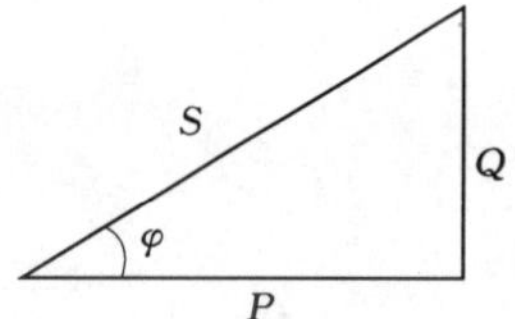

图 4-29　功率三角形

例 4-9　已知某二端口的总电压 $u=220\sqrt{2}\sin(\omega t+30°)$ V，总电流 $i=10\sqrt{2}\sin\omega t$A，求该二端口的 P、Q、S 及 λ。

解： $P=UI\cos\varphi=220\times10\times\cos30°=2200\times0.866=1905.2$ (W)

$$Q=UI\sin\varphi=220\times10\times\sin30°=2200\times0.5=1100(\text{var})$$

$$S=UI=220\times10=2200(\text{VA})$$

$$\lambda=\cos\varphi=\cos30°=0.866$$

知识四　功率因数的提高

一、提高功率因数的意义

1. 提高电源设备的利用率

当电源容量 $S=UI$ 一定时，功率因数 $\cos\varphi$ 越高，其输出的功率 $P=UI\cos\varphi$ 越大。因此为了充分利用电源设备的容量，应该设法提高负载网络的功率因数。

2. 降低线路损耗

当负载的有功功率 P 和电压 U 一定时，$\cos\varphi$ 越大，输电线上的电流越小，线路上能耗就越少（$P=UI\cos\varphi\Rightarrow I=P/U\cos\varphi$）。

3. 提高供电质量

线路损耗减少，可以使负载电压与电源电压更接近，电压调整率更高。

4. 节约用铜

在线路损耗一定时，提高功率因数可以使输电线上的电流减小，从而可以减小导线的截面，节约铜材。

二、提高功率因数的方法

功率因数不高的原因，主要是由于大量感性负载的存在。工厂中广泛使用的三相异步电动机就相当于感性负载。为了提高功率因数，可以从两个方面来着手：

（1）改进用电设备的功率因数，但这主要涉及更换或改进设备。

（2）在感性负载的两端并联适当大小的电容器，其原理如下：设原负载为感性负载，其功率因数为 $\cos\varphi$，电流为 $\dot{I}_1$，在其两端并联电容器 C，电路如图 4-30（a）所示，并联电容以后，并不影响原负载的工作状态。从图 4-30（b）相量图可知由于电容电流补偿了负载中的无功电流。使总电流减小，电路的总功率因数提高了。

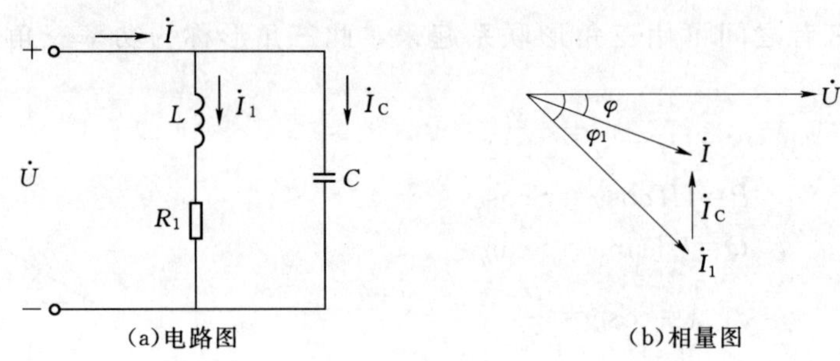

图 4-30 提高功率因数电路

三、电容量的计算

设有一感性负载的端电压为 U，功率为 P，功率因数 $\cos\varphi_1$，为了使功率因数提高到 $\cos\varphi$，可推导所需并联电容 C 的计算公式

$$C=\frac{P}{\omega U^2}(\tan\varphi_1-\tan\varphi)$$

知识五 电路的谐振

所谓谐振是指含有电容元件和电感元件的线性无源二端网络对某一频率的正弦激励（达到稳态时）所呈现的端口电压和端口电流同相的现象。

一、串联谐振

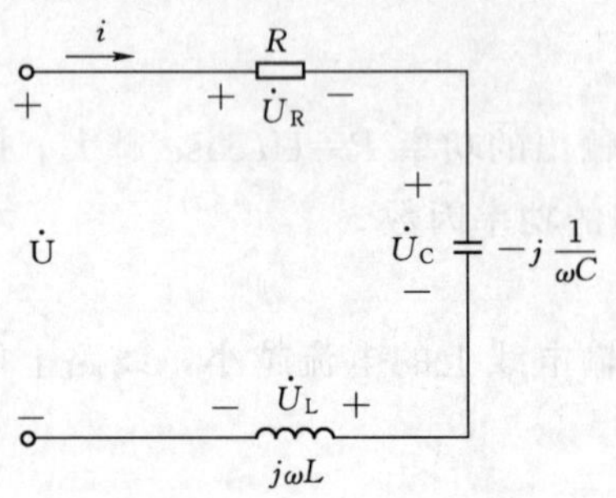

图 4-31 R、L、C 串联电路

如图 4-31 所示 R、L、C 串联电路，当 $\varphi=0$ 时，总电压 u 与总电流 i 同相，电路将发生谐振。

（1）谐振条件：

$$X_L=X_C\left(\omega_0 L=\frac{1}{\omega_0}C\right)$$

（2）谐振频率：

$$\omega_0=\frac{1}{\sqrt{LC}},f_0=\frac{1}{2\pi\sqrt{LC}}(\text{固有频率})$$

(3) 调谐方法：

1) 当 f_0 固定时，调节电源频率，使 $f=f_0$。

2) 当电源频率 f 固定时，调节 L 或 C，使 $f_0=f$。

(4) 串联谐振的特点：

1) 电压、电流同相位，电路呈电阻性。

2) 阻抗最小，(当 U 一定时) 电流最大，$|Z|=R$，$I_0=U/R$。

3) 串联谐振时，电感电压与电容电压大小相等、方向相反，即 $\dot{U}_L=-\dot{U}_C$；电阻电压等于外加电源电压，即 $\dot{U}_R=\dot{U}$。

4) 电感（容）电压有可能远远大于外加电源电压（电压谐振）。

$$U_{L0}=X_{L0}I_0=\omega_0 L\frac{U}{R}=\frac{\rho}{R}U=QU$$

式中：$\rho=\omega_0 L=\frac{1}{\omega_0 C}=\sqrt{\frac{L}{C}}$称为特性阻抗；$Q=\frac{\rho}{R}=\frac{\sqrt{L/C}}{R}$称为品质因数。当 $Q\gg1$ 时，$U_L\gg U$。

5) 串联谐振时电源只向电阻提供有功功率，$S=P=UI$，$Q=Q_L-Q_C=0$。

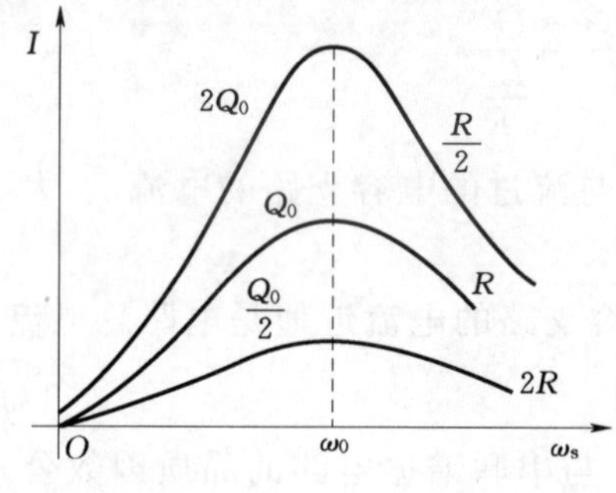

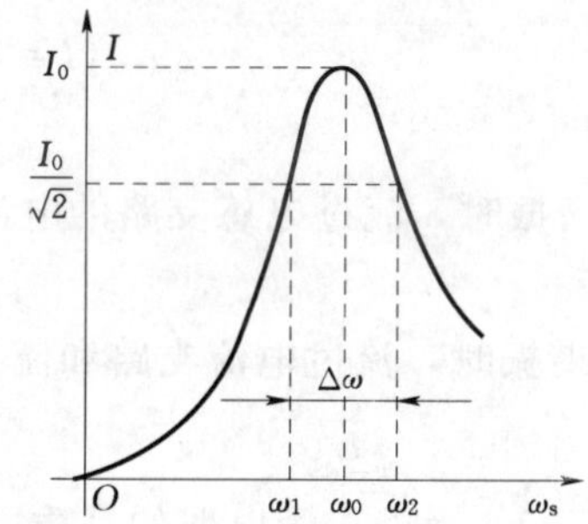

图 4-32　谐振曲线

(5) 谐振曲线如图 4-32 所示。Q 越高，谐振曲线越尖，选择性越好，但通频带 B 越窄 ($B=f_0/Q$)。通频带窄会引起失真现象，因此设计电路时必须考虑周全。

例 4-10　收音机的调谐电路由磁性天线电感 $L=500\mu H$ 与 20～270pF 的可变电容器串联。求对 560kHz 和 990kHz 电台信号谐振时的电容值。

解： 由 $f_0=\frac{1}{2\pi\sqrt{LC}}$ 可知

(1) 当 $f_s=560kHz$ 时，电路的谐振频率 $f_0=f_s$，则

$$C=\frac{1}{4(\pi_0)^2L}=\frac{1}{4\times3.14^2\times(5.6\times10^5)^2\times500\times10^{-6}}=161.1(pF)$$

(2) 当 $f_0=f_s=990kHz$ 时，则

$$C=\frac{1}{4(\pi_0)^2L}=\frac{1}{4\times3.14^2\times(9.9\times10^5)^2\times500\times10^{-6}}=51.7(pF)$$

二、并联谐振

如图 4-33 所示线圈与电容并联电路，当 $\varphi_1=0$ 时，总电压 u 与总电流 i 同相，电路

将发生谐振。

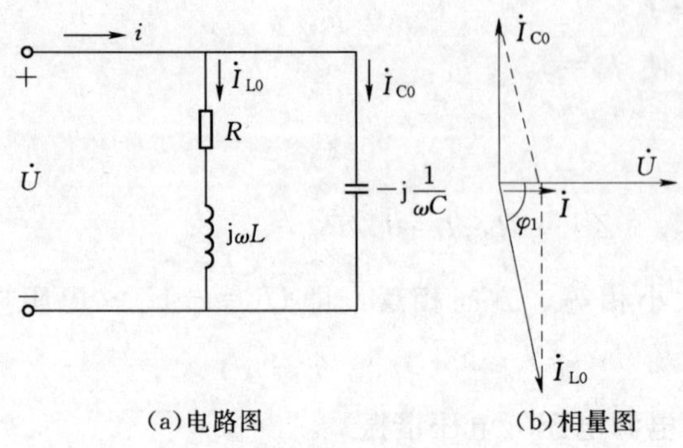

(a)电路图　　(b)相量图

图 4-33　并联谐振

(1) 谐振条件：

$$\frac{\omega L}{R^2+(\omega L)^2}=\omega C$$

(2) 谐振频率：

$$\omega_0=\frac{1}{\sqrt{LC}}\sqrt{1-\frac{CR^2}{L}}=\frac{1}{\sqrt{LC}}\sqrt{1-\frac{R^2}{\rho_2}}$$

当 $R\ll\rho$ 时，

$$\omega_0\approx\frac{1}{\sqrt{LC}}$$

(3) 并联谐振的特点：

1) 并联谐振时，电路总的阻抗为纯电阻性，而且阻抗值最大。即

$$Z=Z_0=\frac{L}{CR}$$

2) 并联谐振时，电路的总电流与总电压同相，而且数量最小。即

$$I=I_0=\frac{U}{Z_0}=\frac{U}{\dfrac{L}{CR}}$$

3) 并联谐振时，流过电感支路的电流 I_L 与流过的电容支路的电流 I_C 大小近似相等，相位近似相反。

4) 并联谐振时，流过电流支路和流过电容支路的电流近似是电路总电流的 Q 倍。其中 $Q=\frac{\omega_0 L}{R}=\frac{1}{\omega_0 CR}=\frac{\sqrt{\frac{L}{C}}}{R}$ 为电路的品质因数，与串联谐振电路的品质因数公式完全相同，同样由电路参数 R、L、C 决定。

巩固与练习

一、填空题

1. __________和__________都随时间按__________作周期性变化的交流电称为正弦交流电。

2. 交流电在变化过程的任一瞬间，都有确定的大小和方向，称为交流电的__________值，通常用__________表示。

3. 已知一正弦交流电流 $i=10\sin(314t+60°)$ A，则其最大值为__________，有效值为__________，角频率为__________，频率为__________，周期为__________，初相为__________。

4. 已知两个正弦交流电的瞬时值表达式分别为 $U_1=10\sqrt{2}\sin(314t-90°)$ V，$U_2=10\sin(314t+60°)$ V，则它们之间的相位关系是__________。

5. 正弦交流电的表示方法有________、________和________。

二、判断题

1. 正弦交流电的大小随时间按正弦规律作周期性变化，方向不变。（　）
2. 如果两同频率正弦电压在某一瞬间的值相等，那么两者一定同相。（　）
3. 若一正弦交流电的频率为100Hz，那么它的周期为0.02s。（　）
4. 任意两个同频率的正弦交流电的相位差即是它们的初相之差。（　）
5. 只要知道正弦交流电的三要素，就能写出它的解析式（瞬时值表达式）。（　）

三、选择题

1. 正弦交流电的三要素是（　）。

A、瞬时值、频率、初相　　B、最大值、周期、角频率

C、频率、相位、周期　　D、有效值、频率、初相

2. 两同频率的正弦反相时，其相位差为（　）。

A、$90°$　　B、$0°$　　C、$180°$　　D、$60°$

3. 关于正弦交流电的有效值，下列说法正确的是（　）。

A、有效值是最大值的$\sqrt{2}$倍

B、最大值是有效值的$\sqrt{3}$倍

C、最大值为311V的正弦交流电压就其热效应而言，相当于一个220V的直流电压

D、最大值为311V的交流电，要用220V的直流电代替

4. 已知$U=220\sqrt{2}\sin(314t-30°)$V，则它的频率、有效值、初相分别为（　）。

A、314Hz、220V、$-30°$　　B、314Hz、220V、$30°$

C、50Hz、220V、$-30°$　　D、50Hz、220V、$30°$

5. 某正弦交流电压的有效值为220V，频率为50Hz，在$t=0$时的值为220V，则该正弦电压的解析式为（　）。

A、$U=220\sin(314t+90°)$V　　B、$U=220\sin314t$V

C、$U=220\sqrt{2}\sin(314t+45°)$V　　D、$U=220\sqrt{2}\sin(314t-45°)$V

四、计算题

1. 一个正弦交流电的频率是50Hz，有效值为50V，初相为45°，请写出它的解析式，并画出它的波形。

2. 已知交流电流$i=10\sin(100\pi t+30°)$A，试求它的有效值、初相和频率，并求出$t=0.1$s时的瞬时值。

3. 已知两个同频率的正弦交流电，它们的频率是50Hz，电压的有效值分别为$U_1=100$V和$U_2=150$V，且前者超前后者30°，试写出它们的瞬时值解析式，并在同一坐标系中作出它们的矢量图。

4. 将电感为255mH，电阻为60Ω的线圈接到$U=220\sqrt{2}\sin314t$V的交流电源上。求：

（1）线圈的阻抗；

（2）电路中的电流有效值和瞬时值表达式；

（3）电路中的有功功率 P、无功功率 Q 和视在功率 S。

5. 将一个阻值为 30Ω 的电阻和电容为 80μF 的电容器串联后接到交流电源上，电源电压 $U=220\sqrt{2}\sin 314t$V。求：

（1）电容的容抗；

（2）电路中的电流有效值；

（3）电路中的有功功率 P、无功功率 Q 和视在功率 S；

（4）端电压与电流之间的相位差。

6. 已知 R、L、C 串联电路中，电阻为 30Ω，电感为 127mH，电容为 40μF，电路两端交流电压 $U=311\sin 314t$V。求：

（1）电路的阻抗值；

（2）电流的有效值；

（3）各元件两端电压的有效值；

（4）电路的有功功率、无功功率和视在功率；

（5）判断电路的性质。

项目五　三相正弦交流电路

在电力系统中广泛采用三相交流的供电方式，这是因为三相交流电机比单相交流电机性能好，经济效益高；三相输电比单相输电节省导线材料等。在需要直流电的地方（如电气化铁道、电车、电解槽等）也都是将三相交流电经过整流转换为直流电的，前面讨论的单相电路实际上只是三相电路中的一相，本项目主要讨论对称三相交流电路的特点和分析方法。

任务一　对称三相交流电

知识一　三相电动势的产生

一、单相电动势的产生

如图 5－1 所示，在两磁极中间，放一个线圈（绕组）。让线圈以 ω 的速度顺时针旋转。根据右手定则可知，线圈中产生感应电动势，其方向由 $A \rightarrow X$。合理设计磁极形状，使磁通按正弦规律分布，线圈两端便可得到单相交流电动势

$$e_{AX}=\sqrt{2}E\sin\omega t$$

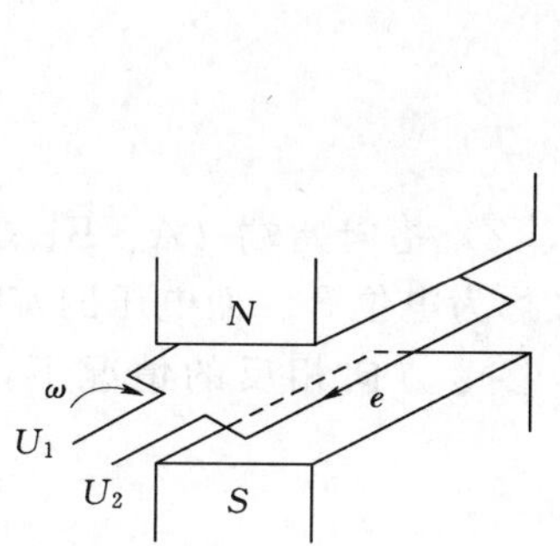

图 5－1　单相电动势的产生

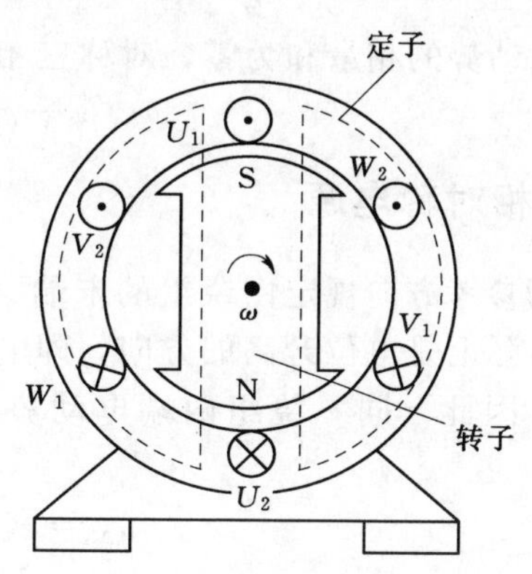

图 5－2　三相电动势的产生

二、三单相电动势的产生

如图 5－2 所示，若定子中放三个线圈（绕组）$A-X$，$B-Y$，$C-Z$，三线圈空间位置各差 120°，其中，A、B、C 为线圈的始端，X、Y、Z 为线圈的末端。由于转子磁极的磁场是正弦分布，因此当转子匀速旋转时，三个线圈中均感应产生正弦电动势。

三相正弦电动势表达式如下

$$e_{XA}=E_m\sin\omega t$$

$$e_{YB}=E_m\sin(\omega t-120°)$$

$$e_{ZC}=E_m\sin(\omega t-240°)=E_m\sin(\omega t+120°)$$

三相正弦电动势的特征：大小相等，频率相同，相位互差 120°，称为对称三相正弦电动势。

三相正弦电动势的波形图如图 5-3 所示。

三相正弦电动势的相量表式如下

$$\dot{E}_A=E\angle 0°$$

$$\dot{E}_B=E\angle -120°$$

$$\dot{E}_C=E\angle 120°$$

三相正弦电动势的相量图如图 5-4 所示。

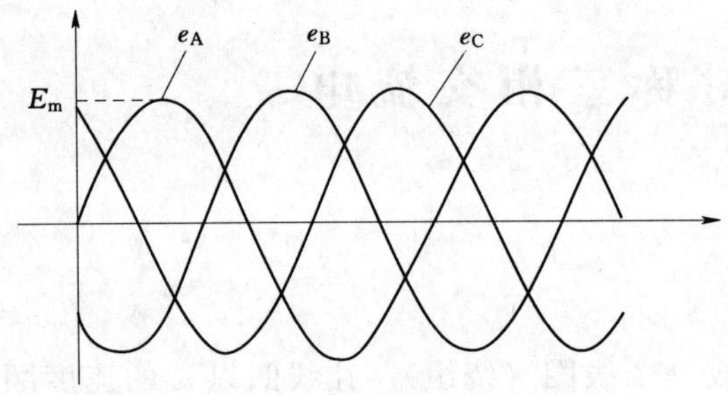

图 5-3　三相正弦电动势波形图

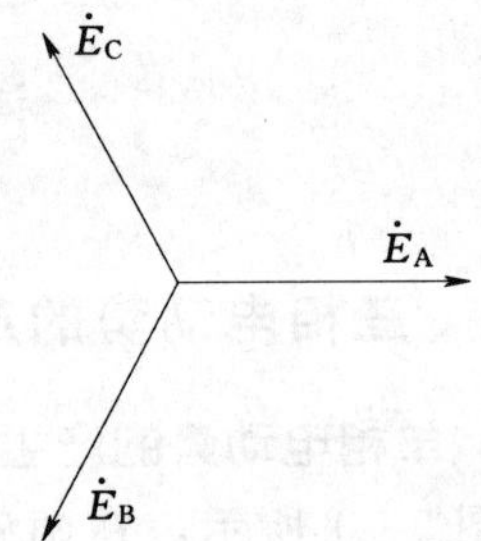

图 5-4　三相正弦电动势相量图

三相正弦电动势的特点：通过图 5-4 很容易证得

$$\dot{E}_A+\dot{E}_B+\dot{E}_C=0$$

即三相电动势的相量和为零，对称三相电动势瞬时值的和也为零，即

$$e_A+e_B+e_C=0$$

知识二　三相对称电源

电动势的参考方向规定由绕组的末端（X、Y、Z）指向始端（A、B、C），又由于电动势的方向实际上是电位升高的方向，即电动势又称为电位升。而电压的实际方向是电位降低的方向，因此，同一绕组两端电动势与电压参考方向相反的情况下，两者数值相等。即

$$u_{AX}=e_{XA}=U_m\sin\omega t$$

$$u_{BY}=e_{YB}=U_m\sin(\omega t-120°)$$

$$u_{CZ}=e_{ZC}=U_m\sin(\omega t-240°)=U_m\sin(\omega t+120°)$$

这就是三相对称交流电源的端电压表达式，称为三相对称电压。

三相对称电压相量形式为

$$\left.\begin{aligned}\dot{U}_A&=U\angle 0°\\ \dot{U}_B&=U\angle -120°\\ \dot{U}_C&=U\angle +120°\end{aligned}\right\}$$

三相对称电压三个电压的瞬时值之和也为零，即

$$u_A + u_B + u_C = 0$$

三个电压的相量之和亦为零，即

$$\dot{U}_A + \dot{U}_B + \dot{U}_C = 0$$

三相电压波形图、相量图如图 5-5、图 5-6 所示。

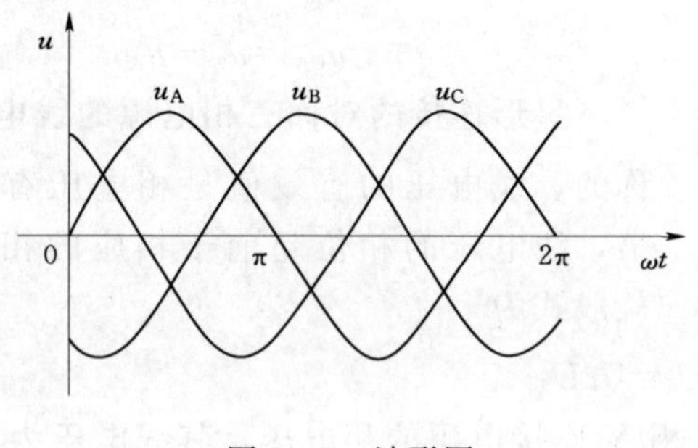

图 5-5　波形图

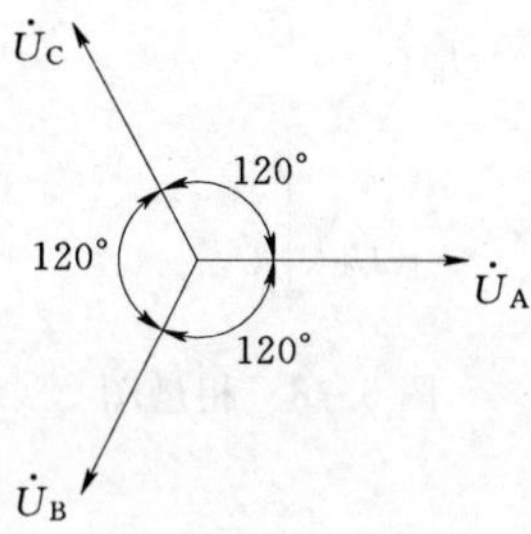

图 5-6　相量图

知识三　相序

三相电源中每一相电压经过同一值（如正的最大值）的先后次序称为相序。相序为 $A—B—C—A$，称为顺序或正序；相序为 $A—C—B—A$，称为逆序或负序。

工程上常用的相序是顺序，如果不加以说明，都是指顺序。工业上通常在交流发电机的三相引出线及配电装置的三相母线上，涂有黄、绿、红三种颜色，分别表示 A、B、C 三相。

任务二　三相电源的连接

三相电源绕组并不是作为三个单独的电源分别向负载供电，而是按一定的方式连接后向负载供电。三相电源绕组通常有两种连接方法，即星形（Y）连接和三角形（△）连接。

知识一　三相电源的星形连接

将对称三相电源的尾端 X、Y、Z 连在一起，首端 A、B、C 引出作输出线，这种连接称为三相电源的星形连接，如图 5-7 所示。

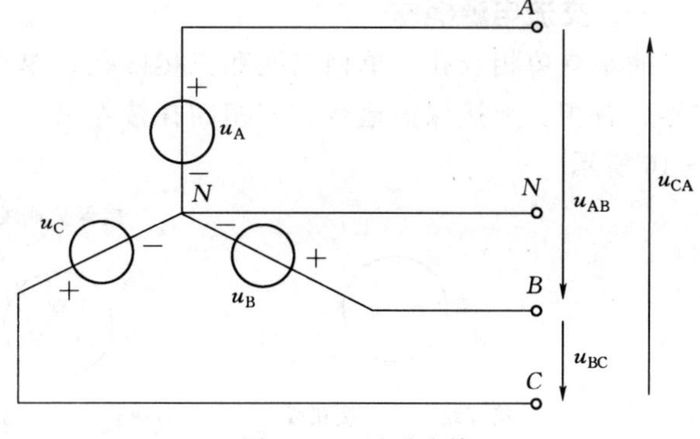

图 5-7　星形连接

连接在一起的 X、Y、Z 点称为三相电源的中点，用 N 表示，从中点引出的线称为中线。三个电源首端 A、B、C 引出的线称为端线（俗称火线）。

电源每相绕组两端的电压称为电源的相电压，也就是电源火线与零线之间的电压称为电源相电压；而端线与端线之间的电压称为线电压，规定

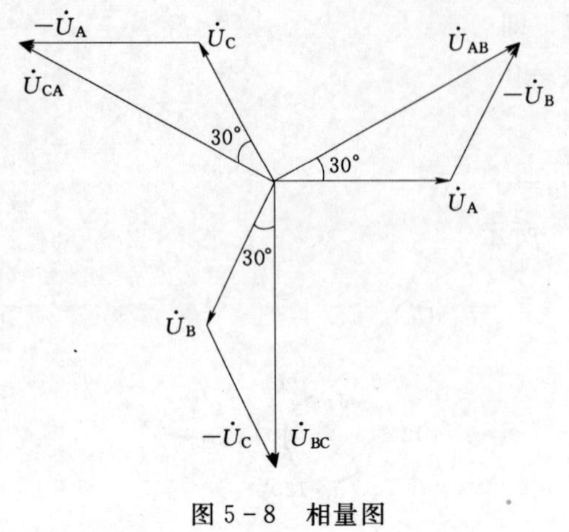

图 5-8　相量图

线电压的方向是由 A 相指向 B 相，B 相指向 C 相，C 相指向 A 相。星形连接时对称三相电源线电压与相电压的关系由相量分析可得相量图如图 5-8 所示。

$$u_{AB}=u_A-u_B$$
$$u_{BC}=u_B-u_C$$
$$u_{CA}=u_C-u_A$$

星形连接的对称三相电源的线电压也是对称的。线电压的有效值是相电压有效值的$\sqrt{3}$倍，线电压的相位超前于相应的相电压 30°，一般式为

$$U_l=\sqrt{3}U_P$$

我们日常使用的交流电压 220V 是三相 Y 连接电源的相电压，其线电压为 380V。少数国家（如美国、日本、法国）的市电电压则规定为 110V。因此有些家用电器配置了两种电压的换接插件，以备在不同电压等级下使用。

知识二　三相电源的三角形连接

将对称三相电源中的三个单相电源首尾相接，由三个连接点引出三条端线就形成三角形连接的对称三相电源，如图 5-9 所示。

对称三相电源三角形连接时，只有三条端线，没有中线，它一定是三相三线制。

线电压就是相应的相电压，即

$$u_{AB}=u_A, \dot{U}_{AB}=\dot{U}_A$$
$$u_{BC}=u_B, \dot{U}_{BC}=\dot{U}_B$$
$$u_{CA}=u_C, \dot{U}_{CA}=\dot{U}_C$$

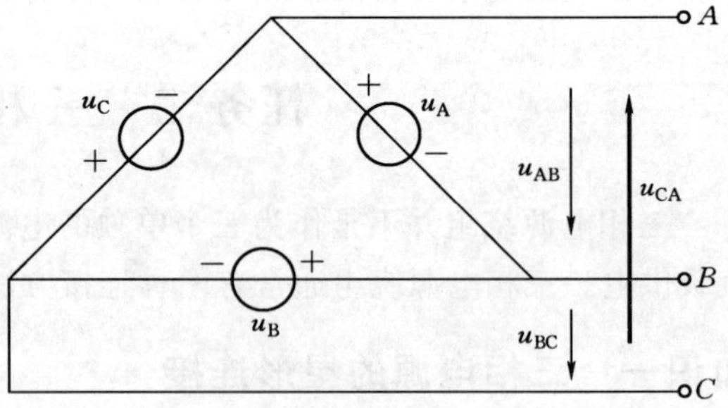

图 5-9　三角形连接

知识三　应用实例——相序指示器

一、交流电源插座

插座有单相双孔、单相三孔和三相四孔，单相双孔的安装按左零、右相，单相三孔按左零、右相、上接保护地线，三相四孔按左 A 、右 C、下 B、上接零线或保护地线，如图 5-10 所示。

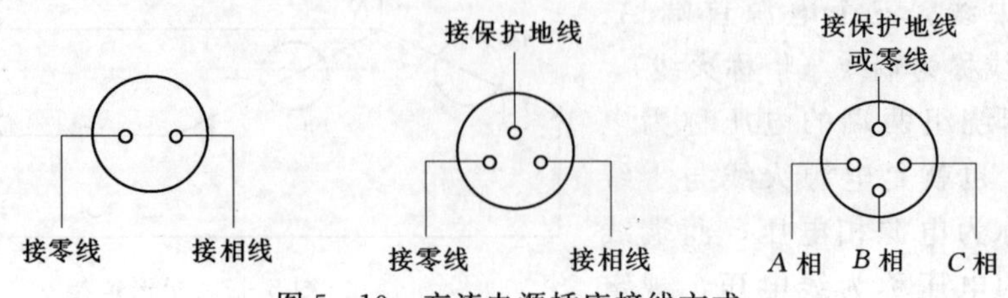

图 5-10　交流电源插座接线方式

二、三相电源相序指示器

相序指示器是一种确定相序的仪器，它是由一个电容器和两个同样的灯泡接成星形电路形成的，电路如图 5-11 所示。如果使得电容的容抗等于电阻 R，且认为线电压对称，则可通过比较两灯泡亮度确定相序。若设电容器所接的相为 A 相，则灯泡亮的为 B 相，灯泡暗的为 C 相。

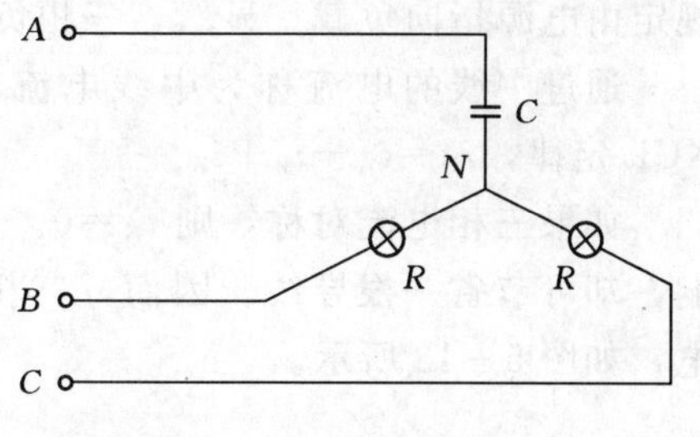

图 5-11　相序指示器电路

任务三　三相负载的连接

三相负载由三部分组成，其中每一部分称为一相负载，这三部分可以组成一个整体，如三相交流电动机；也可以相互独立，如日常生活中的照明电路。三相负载可分为对称三相负载和不对称三相负载。各相阻抗相同的三相负载为对称三相负载；反之叫做不对称三相负载。三相负载也有两种连接方式，星形（Y）连接和三角形（△）连接。

知识一　三相负载的星形连接

把三相负载的一端连接一点 N'，另一端与三相电源的相线相连的连接方式，称为三相负载的星形连接，如图 5-12 所示。

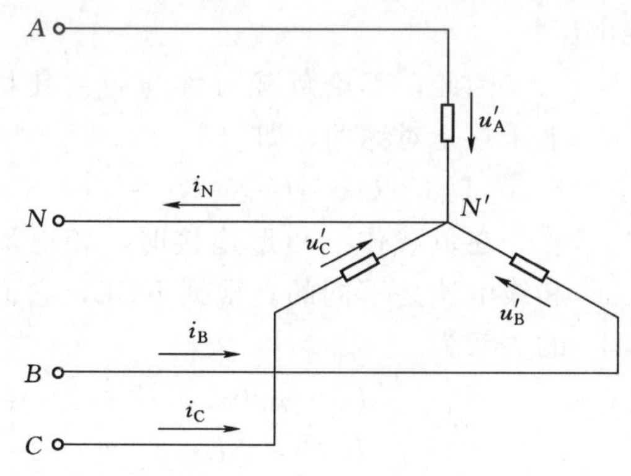

图 5-12　负载的星形连接

负载的电压也有相电压和线电压之分，每相负载两端的电压为相电压，其参考方向规定由始端指向负载中心 N'。各相始端之间或端线之间的电压为线电压，其参考方向为 $A\rightarrow B$、$B\rightarrow C$、$C\rightarrow A$，一般以双下角标表示。三相电气设备的额定电压，如无特殊说明，均指线电压。

负载中点 N' 与电源中点 N 之间的电压叫做中点电压，其参考方向规定由 N' 指向 N。如果中点之间有连线，即中线，则中点电压 $U_{N'N}=0$。

有中线时，星形负载有四根导线与电源相连，为三相四线制，如图 5-12 所示。这种情况下，各相负载直接接到电源的相电压上，所以负载的相电压等于电源的相电压。只要电源是对称的，不论负载对称（即三相负载相同）与否，负载的相电压总是对称的。

不论有无中线，星形负载的线电压与相电压之间的关系仍服从三相对称电源电压的关系。

三相负载对称时，三相相电压必然也对称。因而，与对称三相星形电源一样，线电压与相电压之间也存在$\sqrt{3}$倍的关系，即对称三相星形连接负载的线电压等于相电压的$\sqrt{3}$倍。

在三相负载中，通过每相负载的电流称为相电流，由于负载是取用功率的，所以习惯将负载相电流与负载相电压取关联的参考方向。通过端线的电流称为线电流，其参考方向规定由电源指向负载。显然，三相负载星形连接时，相电流等于线电流。

通过中线的电流称为中线电流，记为 i_N，规定其参考方向由负载指向电源。根据 KCL 定律，$i_N=i_A+i_B+i_C$。

如果三相电流对称，则 $i_N=0$。中线无电流，可以将中线去掉，不会对负载有任何影响，却可节省一根导线。因而，三相电动机、三相电炉等对称负载，采用三相三线制供电，如图 5-13 所示。

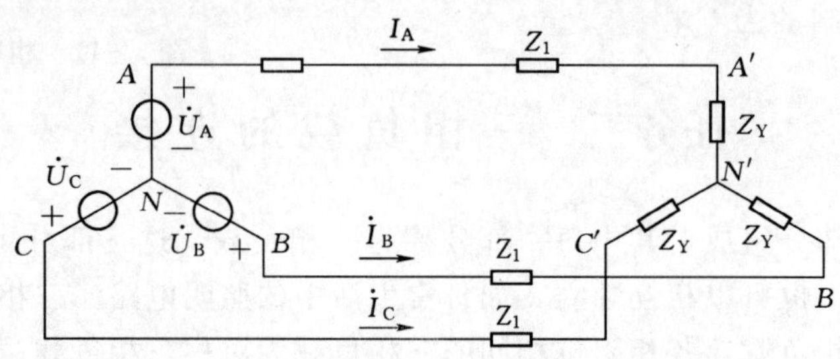

图 5-13　三相三线制

知识二　三角形（△）连接

三相负载的三角形（△）连接，如图 5-14 所示。这种连接是将三相负载的始末端相连，构成一个封闭三角形，再将三个连接点与三相电源相连。由于各相负载都接在端线之间，所以，三角形连接的负载，其相电压等于线电压。

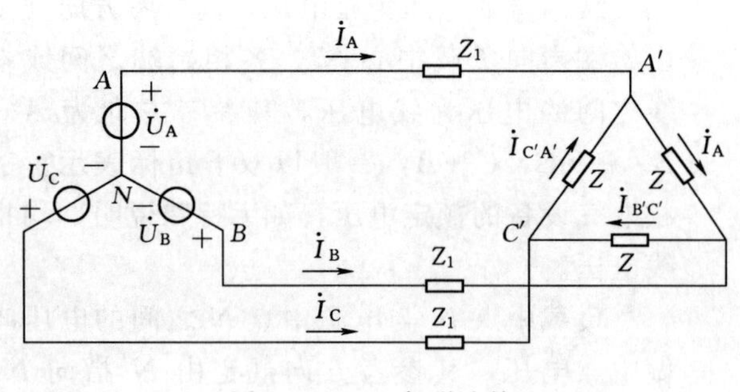

图 5-14　三角形连接

因此，不论负载对称与否，其相电压总是对称的，即

$$U_{AB}=U_{BC}=U_{CA}=U_L=U_P$$

在负载作三角形连接时，相电流和线电流是不同的。根据 KCL，它们的关系为

$$I_A=i_{AB}-i_{CA}$$

$$I_B=i_{BC}-i_{AB}$$

$$I_C=i_{CA}-i_{BC}$$

即在三角形连接的负载中，线电流的瞬时值（或相量）等于相应的两个相电流的瞬时值（或相量）之差。

如果三个相电流对称，由上式作相量图可知，三个线电流也是对称的，且

$$I_A=\sqrt{3}I_{AB},I_B=\sqrt{3}I_{BC},I_C=\sqrt{3}I_{CA}$$

一般式为

$$I_L=\sqrt{3}I_P$$

即对称三相三角形连接负载的线电流等于相电流的$\sqrt{3}$倍。

在相位上，线电流 i_A 滞后相电流 $i_{AB}30°$，i_B 滞后 $i_{BC}30°$，i_C 滞后 $i_{CA}30°$。即线电流滞后相应的相电流 30°。

任务四　三相电路的功率

知识一　三相电路的有功功率

在三相电路中，三相负载所吸收的有功功率等于各相有功功率之和，而每相负载的有功功率等于对应的负载相电压乘以相电流及其夹角的余弦，即

$$P=P_A+P_B+P_C$$

$$P_A=U_A I_A\cos\varphi_A$$

其中

$$P_B=U_B I_B\cos\varphi_B$$

$$P_C=U_C I_C\cos\varphi_C$$

在对称的三相电路中，每相有功功率相等，三相有功功率为

$$P=3P_P=3U_P I_P\cos\varphi=\sqrt{3}U_L I_L\cos\varphi$$

上式中 φ 是负载相电压和相电流的相位差，而不是线电压与线电流的相位差。

知识二　三相负载的无功功率

在三相电路中，三相负载所吸收的无功功率等于各相无功功率之和，即

$$\begin{aligned}Q&=Q_A+Q_B+Q_C\\&=U_A I_A\sin\varphi_A+U_B I_B\sin\varphi_B+U_C I_C\sin\varphi_C\end{aligned}$$

对称三相电路的无功功率为

$$Q=3U_P I_P\sin\varphi=\sqrt{3}U_l I_l\sin\varphi$$

知识三　三相负载的视在功率

在三相电路中，三相负载所吸收的视在功率等于各相视在功率之和，即

$$S=S_A+S_B+S_C=U_A I_A+U_B I_B+U_C I_C$$

对称三相负载的视在功率为

$$S=\sqrt{P^2+Q^2}=3U_P I_P=\sqrt{3}U_l I_l$$

三相电机铭牌上标明的有功功率指的是三相有功功率。

例 5-1　已知一台 5.5kW 的三相电动机接在线电压为 380V 的对称电源上，功率因数为 0.85，求线电流。

解： 三相电动机是对称负载，不论什么接法，I_l 均为

$$I_l=\frac{P}{\sqrt{3}U_l\cos\varphi}=\frac{5500}{\sqrt{3}\times380\times0.85}=9.83$$

例 5-2　已知一星形连接的三相负载，每相负载的电阻为 6Ω，感抗为 8Ω，接在线电压为 380V 的对称三相电源上，求三相负载的功率因数、有功功率、无功功率和视在功率。

解：功率因数
$$\lambda=\cos\varphi=\frac{6}{\sqrt{6^2+8^2}}=0.6$$

负载的相电压
$$U_P=\frac{U_l}{\sqrt{3}}=\frac{380}{\sqrt{3}}=220(\text{V})$$

线电流
$$I_l=I_P=\frac{220}{\sqrt{6^2+8^2}}=22(\text{A})$$

有功功率
$$P=\sqrt{3}U_lI_l\lambda=\sqrt{3}\times380\times22\times0.6=6955.7(\text{W})$$

无功功率
$$Q=\sqrt{3}U_lI_l\sin\varphi=\sqrt{3}\times380\times22\times\frac{8}{\sqrt{6^2+8^2}}=11583.6(\text{Var})$$

视在功率
$$S=\sqrt{3}U_lI_l=\sqrt{3}\times380\times22=14479.5(\text{VA})$$

针对负载的连接形式说明如下：

当星形连接的三相负载不对称时，如果无中线，则每相负载相电压的大小不再相等，有的可能小于其额定电压，有的可能大于其额定电压，此时有的负载会被烧坏，电路出现危险。日常生活中的家用电器是单相负载，在构成三相负载时，通常是不对称的，所以连接不对称三相星形电路时应注意以下几点。

(1) 必须连接中线。为了防止中线断开，中线的干线要有足够的机械强度；不允许将开关和保险丝装在中线上。

(2) 安装时尽量使各相负载接近对称，此时中线电流一般小于各线电流，中线导线可以选用比三根端线截面小一些的导线。

实验十　三相负载的星形连接

一、实验目的

(1) 掌握三相负载的星形连接方法。

(2) 掌握三相负载星形连接的电路特性。

(3) 理解国线的作用。

二、实验器材

(1) 三相负载灯板 一块 (25W)

(2) 电流表　1个

(3) 万用表　1块

(4) 导线　若干

三、实验电路

四、实验步骤

(1) 按图示接好电路，中线不接入电路，测量在对称和不对称情况下的相、线电压以及中点电压，记入表格中。

（2）按图 5－15 所示接好电路，中线接入电路，测量在对称和不对称情况下的相、线电压以及中线电流，记入表格中。

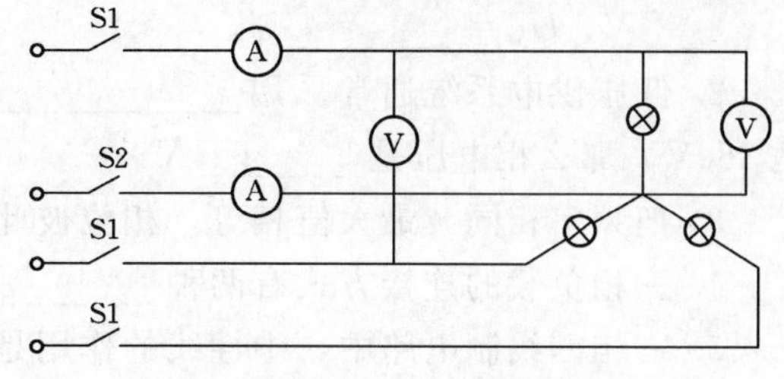

图 5－15　实验电路图

五、实验数据分析

（1）对称情况下的特点是否相符？

（2）不对称情况下的特点是否相符？

（3）中线的作用如何？

实验十一　三相负载的三角形连接

一、实验目的

（1）掌握三相负载的三角形连接方法。

（2）验证对称三相三角形负载的线电流与相电流之间的$\sqrt{3}$倍关系。

（3）掌握三相负载三角形连接的电路特性。

二、实验器材

（1）三相负载灯板　一块（25W）

（2）电流表　2 块

（3）万用表　1 块

（4）导线　若干

（5）调压器　1 台

三、实验电路

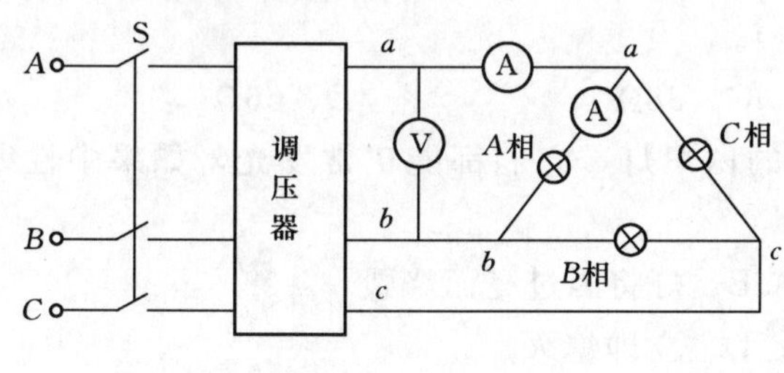

图 5－16　实验电路图

四、实验步骤

（1）将调压器接入电源，调节调压器的输出电压为 220V。

（2）断开开关 S，按图示接好电路。

（3）测量对称情况下各相的相电流和线电流，记入表格中。

（4）测量对称情况下各相的相电压和线电压，记入表格中。

（5）测量不对称情况下各相的相电流和线电流，记入表格中。

（6）测量不对称情况下各相的相电压和线电压，记入表格中。

五、实验数据分析

（1）对称时相、线电流是否符合$\sqrt{3}$的关系？

（2）是否符合三角形连接的电路特性？

巩　固　与　练　习

一、填空题

1. 如果对称三相交流电源 U 相的解析式 $U_{\mathrm{U}}=220\sqrt{2}\sin(wt+30°)$ V，则 $U_{\mathrm{V}}=$

________V；U_W＝________V。

2. 低压供电系统通常采用__________供电方式。采用这种供电方式的线电压如果是380V，那么相电压是________V。

3. 把频率相同，最大值相等，相位彼此相差120°的三个正弦交流电源称为________。

4. 三相负载的连接方式有两种________和________。

5. 三相四线制电路中，中性线的作用是____________________。

二、判断题

1. 三相对称电源的有效值相等，频率相同，相位互差$\frac{2\pi}{3}$。（　　）

2. 三相负载作星形连接时必须要有中性线。（　　）

3. 三相负载作星形连接时，负载相电压为电源线电压的$\frac{1}{\sqrt{3}}$倍。（　　）

4. 保护接地主要在中性点不接地的电力系统中。（　　）

5. 三相负载作星形连接时，无论负载对称与否，线电流必定等于对应负载的相电流。（　　）

三、选择题

1. 某三相电动机，其每相绕组的额定电压为220V，电源电压为380V，电源绕组为星形连接，则电动机应作（　　）。

A、星形连接　　B、三角形连接

C、星形连接必须接中线　　D、星形、三角形连接均可

2. 有三相对称负载作星形连接，接到U_L＝380V的三相交流电源上，测得线电流I_L＝10A，则三相对称负载各相的阻抗为（　　）。

A、11Ω　　B、22Ω　　C、38Ω　　D、66Ω

3. 在三相四线制线路上，连接3个相同的白炽灯，它们都能正常发光，如果中性线断开，则（　　）。

A、3个灯都将变暗　　B、灯将因过亮而烧毁

C、仍能正常发光　　D、立即熄灭

4. 在第3题中，若中性线断开，且又有一相断路，则未断中的其他两相中的灯（　　）。

A、将变暗　　B、因过亮而烧毁

C、仍能正常发光　　D、立即熄灭

5. 对于保护接地和保护接零，下列说法正确的是（　　）。

A、保护接地主要应用在中性点接地的供电系统中

B、保护接零主要应用在中性点不接地的供电系统中

C、在同一供电系统中，保护接地和保护接零可以混用

D、在同一供电系统中，保护接地和保护接零不可以混用

四、计算题

1. 有一三相对称负载作星形连接，每相负载的电阻为30Ω，感抗为40Ω，现把它接

入三相四线制对称电源，电源线电压为380V，求负载的相电压、相电流和线电流。

2. 有一三相电动机，每相绕组的电阻是60Ω，感抗为80Ω，绕组为星形连接，接于线电压为380V的三相电源上，求电动机的功率。

3. 在三相四线制供电系统中，中性线主要有什么作用。

项目六　常用电工仪表的使用

任务一　兆　欧　表

知识一　兆欧表作用

兆欧表（又称为摇表）是一种简便、常用的测量高电阻的仪表，主要用来检测供电线路、电机绕组、电缆、电器设备等的绝缘电阻，以便检验其绝缘程度。常见的兆欧表主要由作为电源的高压手摇发电机和磁电式流比计两部分组成，兆欧表的外形与工作原理如图6-1所示。

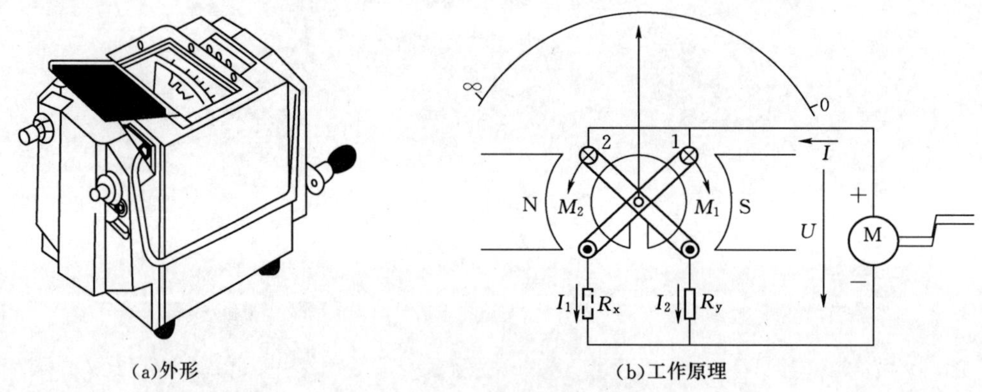

(a)外形　(b)工作原理

图6-1　兆欧表的外形与工作原理

知识二　兆欧表选用

主要是根据不同电气设备选择绝缘电阻表的电压及其测量范围。绝缘电阻表额定电压要与被测设备或线路的工作电压相匹配，测量范围也应与被测绝缘电阻相吻合。

知识三　兆欧表接线

一般绝缘电阻表上有三个接线柱：“L”表示“线路”或“相线”，“E”表示“地”接线柱；“G”表示屏蔽接线柱。一般测量时只用“L”端和“E”端。

知识四　兆欧表使用方法

（1）检查绝缘电阻表。两表笔分开，摇动手柄，观察指针是否指在“∞”处；再将“L”和“E”两接线柱短路，慢慢摇动绝缘电阻表，指针应指在零处。

（2）按要求正确接线，如图6-2所示。

(3) 水平放置兆欧表，均匀摇动手柄（转速为 120r/min 左右）。

(4) 当指针稳定时读数。

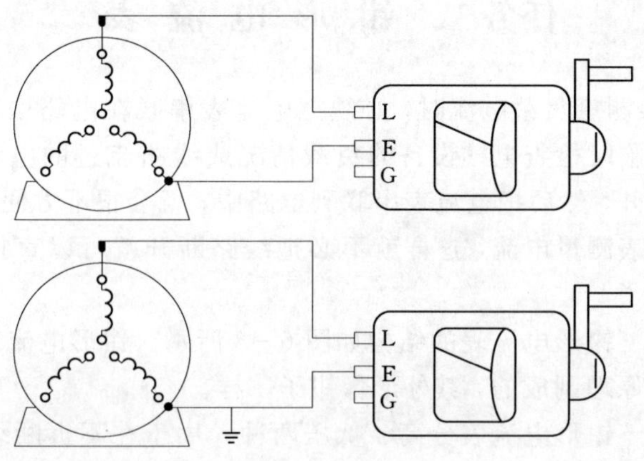

(a)测量电动机的绝缘电阻

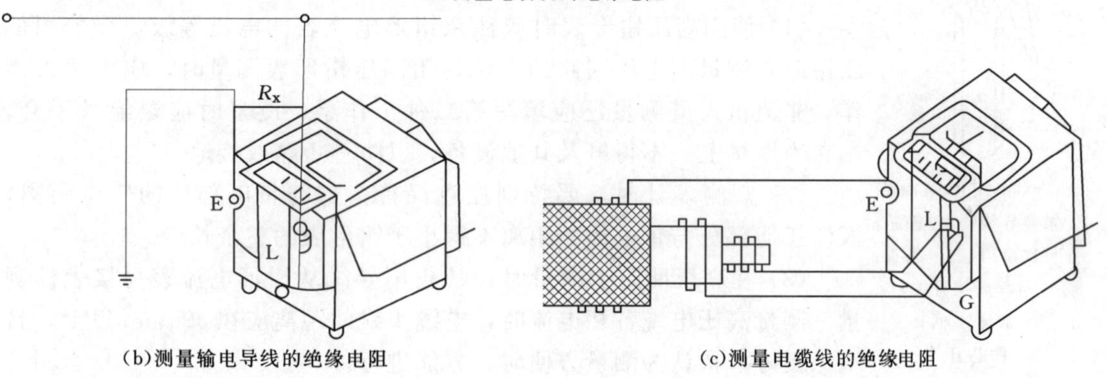

(b)测量输电导线的绝缘电阻　　(c)测量电缆线的绝缘电阻

图 6-2 测量接线

知识五 注意事项

(1) 测量设备的绝缘电阻时，必须先切断设备的电源。严禁在被测电路带电或大电容未放电情况下用绝缘电阻表测绝缘电阻。

(2) 在检查绝缘电阻表时，将“L”和“E”两接线柱短接，摇动手柄要慢，且时间要短。

(3) 要均匀摇动绝缘电阻表的手柄，转速大约为 120r/min，且摇动时间要在 lmin 以上。

(4) 应使用多股软线作为绝缘电阻表的引线，切忌两根引线绞在一起，以免测量数据不准确。

(5) 测量完毕，应立即使被测物放电。在摇把未停止转动或被测物未放电前，不可用手接触被测物的测量部位或进行拆线，以防止触电。

(6) 被测物表面应擦拭干净，不得有污物（如漆等），以免测量数据不正确。

(7) 禁止在雷电时或在邻近有高压导体的设备时用绝缘电阻表进行测量，只有在设备不带电又不会受其他电源感应而带电时才能进行。

任务二　钳形电流表

通常，当用电流表测量负载电流时，必须把电流表串联在电路中。但当在施工现场需要临时检查电气设备的负载情况或线路流过的电流时，如果先把线路断开，然后把电流表串联到电路中，就会很不方便。此时应采用钳形电流表测量电流，这样就不必把线路断开就可以直接测量负载电流的大小了。

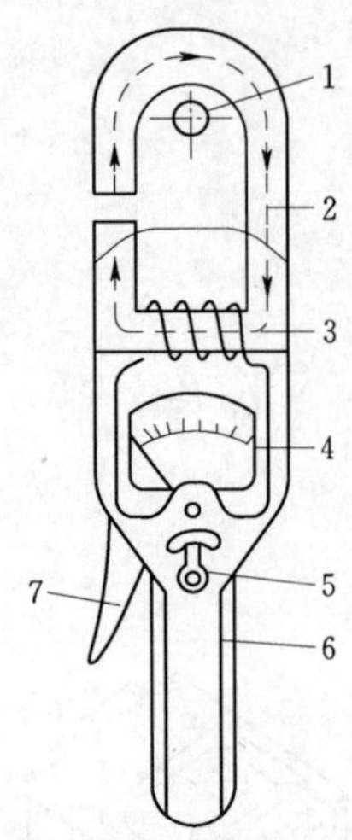

图 6-3　钳形电流表
1—被测导线；2—铁芯；3—二次绕组；4—表头；5—量程调头开关；6—胶木手柄；7—铁芯开关

钳形电流表的结构如图 6-3 所示。钳形电流表是根据电流互感器的原理制成的，其外形像钳子一样。

钳形电流表分高、低压两种，用于在不拆断线路的情况下直接测量线路中的电流。使用时应注意如下事项：

(1) 使用高压钳形表时应注意钳形电流表的电压等级，严禁用低压钳形表测量高电压回路的电流。用高压钳形表测量时，应由两人操作，非值班人员测量还应填写第二种工作票，测量时应戴绝缘手套，站在绝缘垫上，不得触及其他设备，以防止短路或接地。

(2) 观测表计时，要特别注意保持头部与带电部分的安全距离，人体任何部分与带电体的距离不得小于钳形表的整个长度。

(3) 在高压回路上测量时，禁止用导线从钳形电流表另接表计测量。测量高压电缆各相电流时，电缆头线间距离应在 300mm 以上，且绝缘良好，待认为测量方便时，方能进行。

(4) 测量低压可熔保险器或水平排列低压母线电流时，应在测量前将各相可熔保险或母线用绝缘材料加以保护隔离，以免引起相间短路。

(5) 当电缆有一相接地时，严禁测量。防止出现因电缆头的绝缘水平低发生对地击穿爆炸而危及人身安全。

(6) 钳形电流表测量结束后把开关拨至最大档，以免下次使用时不慎过流；并应保存在干燥的室内。

任务三　电　能　表

电能表（又称电度表）是计量电能的仪表，即能测量某一段时间内所消耗的电能。电能表按用途分为有功电能表和无功电能表两种，它们分别计量有功功率和无功功率；按结构分为单相表和三相表两种。本次只介绍单相电能表的结构、工作原理及使用。

知识一　电能表的结构

电能表的种类虽不同，但其结构是一样的。它由两部分组成：一部分是固定的电磁铁，另一部分是活动的铝盘。电能表由驱动元件、转动元件、制动元件、计数机构等部件组成。单相电能表的结构如图 6-4 所示。

电能表由以下几部分所组成：

（1）驱动元件。驱动元件由电压元件（电压线圈及其铁芯）和电流元件（电流线圈及其铁芯）组成。

（2）转动元件。转动元件由可动铝盘和转轴组成。

（3）制动元件。制动元件是一块永久磁铁，在转盘转动时产生制动力矩，使转盘转动的转速与用电器的功率大小成正比。

（4）计算机构。计算机构又叫计算器，它由蜗杆、蜗轮、齿轮和字轮组成。

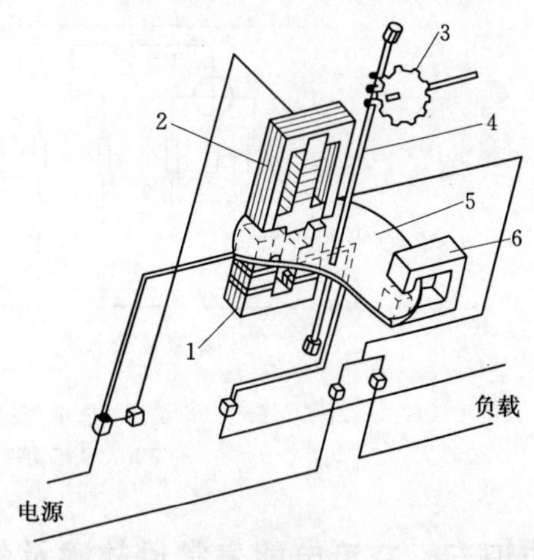

图 6-4　单相电能表的结构示意图
1—电流元件；2—电压元件；3—蜗轮蜗杆传动机构；4—转轴；5—可动铝盘；6—永久磁铁

知识二　电能表的工作原理

当通入交流电，电压元件和电流元件两种交变的磁通穿过铝盘时，在铝盘内感应产生涡流，涡流与电磁铁的磁通相互作用，产生一个转动力矩，使铝盘转动。

知识三　电能表的安装和使用要求

（1）电能表应按设计装配图规定的位置进行安装，应注意不能安装在高温、潮湿、多尘及有腐蚀气体的环境中。

（2）电能表应安装在不易受震动的墙或开关板上，墙面上的安装位置以不低于 1.8m 为宜。

（3）为了保证电能表工作的准确性，必须严格垂直装设。

（4）电能表的导线中间不应有接头。

（5）电能表在额定电压下，当电流线圈无电流通过时，铝盘的转动不超过 1 转，功率消耗不超过 1.5W。

（6）电能表装好后，开亮电灯，电能表的铝盘应从左向右转动。

（7）单相电能表的选用必须与用电器总瓦数相适应。

（8）电能表在使用时，电路不容许短路及用电器超过额定值的 125%。

（9）电能表不允许安装在 10%额定负载以下的电路中使用。

知识四　单相电能表的接线

在低压小电流电路中，电能表可直接接在线路上，如图 6-5（a）所示。在低压大电流电路中，若线路负载电流超过电能表的量程，则须经电流互感器将电流变小，即将电能表间接连接到线路上，接线方法如图 6-5（b）所示。

单相电能表接线原则：1、3 进；2、4 出。1、2 为火线；3、4 为零线。

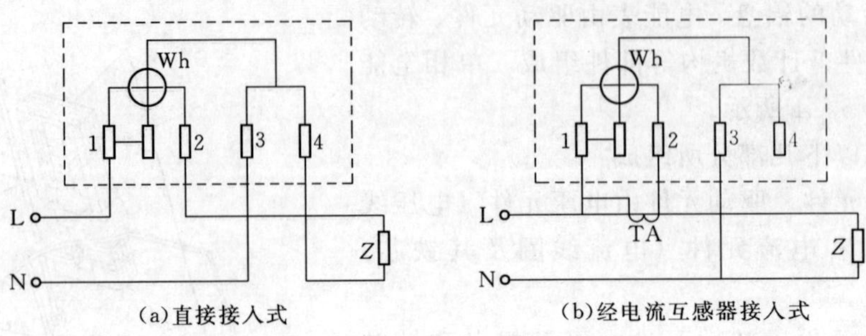

图 6-5　单相电能表的接线方法

Wh—单相功率表；Z—负载；TA—电流互感器

知识五　交流电能表常见故障及处理方法

交流电能表的常见故障及处理方法如表 6-1 所示。

表 6-1　　交流电能表的常见故障及处理方法

故障现象	原因分析	处理办法
误差超过规定	(1) 制动磁铁位置不对，不能与作用力距平衡，造成铝盘转速不准； (2) 相位调节不准确，在功率因数为 0.5 时误差变大； (3) 摩擦补偿和电压元件位置调整不良，在轻负载时误差变大	(1) 调整制动磁铁位置； (2) 调节相位； (3) 调整摩擦补偿和电压元件的位置
有潜动现象	出厂时调整不良	对电能表的主要技术指标进行重新调整，使无载自转达到规定要求
转盘卡住，但负载仍照常有电	(1) 因密封不良或受震，表内有异物卡住转盘； (2) 轴承误滞； (3) 端钮盒内小钩小松脱，电压绕组断路； (4) 电能表的质量不良，致使电能表转动不灵活，甚至卡住	(1) 清洁表中的异物； (2) 对各转动部分加润滑油； (3) 检查接线盒中的各接线螺钉是否松脱； (4) 调换电能表
机械损伤	运输中受强烈震动，使外壳破裂，内部铝盘搁住不能转动	调整铝盘并调换外壳

任务四　接地电阻仪

接地电阻仪用于测量电气系统、避雷系统等接地装置的接地电阻和土壤电阻率，外形如图 6-6 所示。

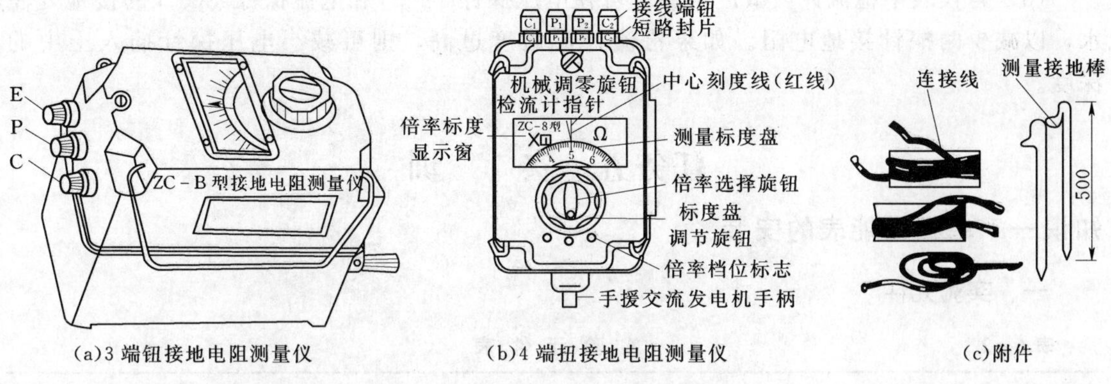

(a)3端钮接地电阻测量仪　(b)4端扭接地电阻测量仪　(c)附件

图6－6　接地电阻测量仪外形及附件

知识一　使用方法

(1) 使用前先将仪器放平，然后调零。

(2) 接地电阻仪的接线方法如图6－7所示。将接地探针“P′”插在被测接地极“E′”和电流探针“C′”之间，三者之间彼此相距20cm；再用导线将“E′”与仪表端钮“E”相接，“P′”与端钮“C”相接。

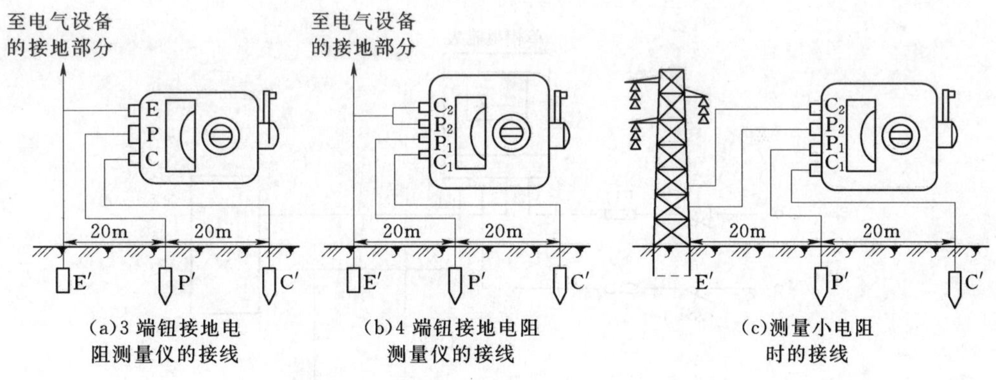

(a)3端钮接地电阻测量仪的接线　(b)4端钮接地电阻测量仪的接线　(c)测量小电阻时的接线

图6－7　用接地电阻仪测量接地电阻

(3) 将倍率开关置于最大倍数上，缓慢摇动手柄，同时转动测量标度盘，使检流计指针处于中心线的位置上。当检流计接近平衡时，要加快摇动手柄，使转速平均为120r/min，同时调节测量标度盘，使检流计指针稳定指在中心线位置。此时读取被测接地电阻(被测接地电阻＝倍率×测量标度盘读数)。

知识二　注意事项

(1) 测量中若发现“测量标度盘”读数小于“1”，则应将量程选择开关S置于较小的一档，重新测量。

(2) 测接地装置的接地电阻，必须先将接地线路与被保护的设备断开，才能测得较准的接地电阻值。

（3）若仪表中检流计灵敏度不够，可在电压探针“P′”和电流探针“C′”的接地处注水，以减少两探针接地电阻。如果检流计灵敏度过高，则可减小电压探针插入土中的深度。

任务五　实　训

知识一　单相电能表的安装

一、实验元件

表 6-2　实验元件表

代号	名称	型号	规格	数量	备注
QS1	低压断路器	DZ47	3A/2P	1	
FU	瓷插式熔断器	RC1－5A	配熔体 3A	2	
	单相电能表	DD862－4	220V5A	1	
QS2	挠板开关		220V10A	1	
HL	白炽灯		220V/40W	1	

二、实验电路

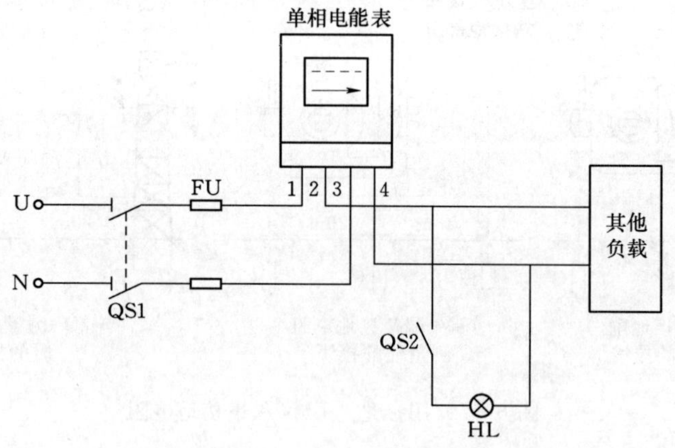

图 6-8　实验电路图

三、实验过程

此实验目的是考察正确连接单相电能表与照明线路。单相电能表的接线有直接接入和经互感器接入两种方式。前者适用于低电压（220V）、小电流（5～10A）。电能表在接线时除了必须将电流线与负载串联、电压线圈与负载并联外，还必须遵守“发电机端”接线规则，即电流线圈和电压线圈的“发电机端”应共接在电源同一极。电能表本身带有接线盒，盒内共有四个接线端子。根据要求，电能表的接线原则一般是：“火线 1 进 2 出，零线 3 进 4 出”。“进”端接电源，“出”端接负载。如果出现电度表接线端子排列与此不同的情况，应根据厂家提供的接线图进行正确连接。

四、检测与调试

经检查接线无误后，接通交流电源，此时负载照明灯正常发光，电能表的铝盘转动，计度器上的数字也相应转动。若操作中出现不正常故障，则应立即断开电源，分析故障并加以排除后，再进行通电实验。

知识二 配电板的安装

配电板由方木板和计量仪表、总开关、熔断器、短路保护装置等元器件组成。

一、配电板安装电路图

二、配电板安装图

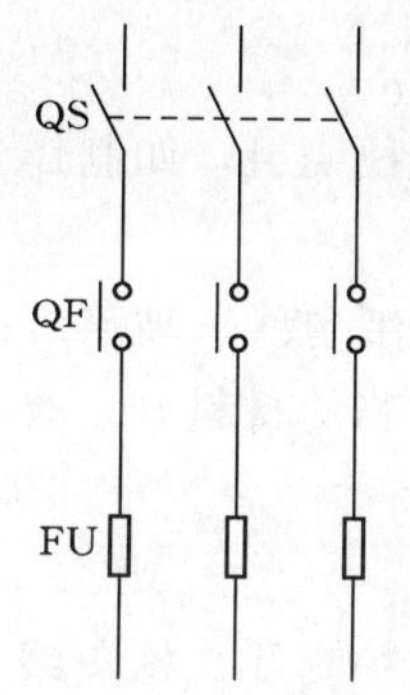

图 6-9 配电板安装电路图

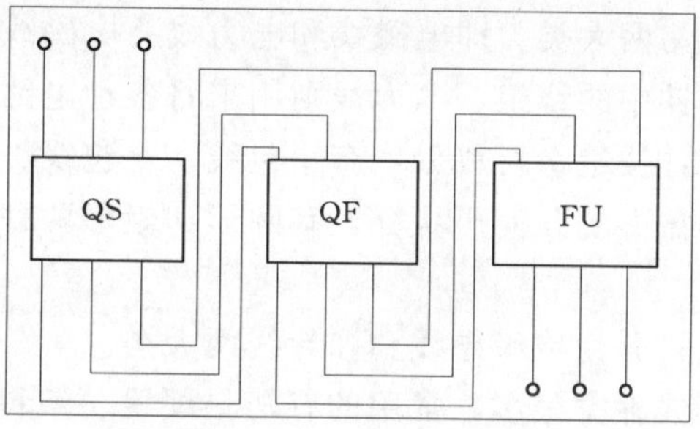

图 6-10 配电板安装图

三、接线要求

(1) 布线寻线分色。

(2) 线路通道尽可能煅烧，并行时分路集中。

(3) 横平竖直，同一平面不交叉重叠，每一接线端点接线不超过 2 根。

(4) 每一条线端头连接处两个 90°拐弯，不斜拉，不伤心线。

(5) 连接端点处长度 5～12mm，多拍时不超过 24mm。

(6) 不错位、反圈、裸露、质绝缘。

知识三 用接地电阻仪测量接地电阻

一、实训所需器材

(1) 工具：螺钉旋具、钢丝钳。

(2) 仪表：接地电阻仪及附件。

(3) 器材：铜芯绝缘软线适量、电缆线。

二、实训内容

用接地电阻仪测量避雷装置或电气设备接地系统的接地电阻。

三、实训步骤

用接地电阻仪测量实训楼、附近避雷装置或电气设备接地系统的接地电阻，并将有关数据记入表 6-3 中。

表 6-3　　接地电阻的测量

接地电阻名称	接地电阻仪		距离（cm）			探针入地深度（cm）		接地电阻值
	型号	所用量程	EP 间	PC 间	EC 间	P	C	

四、注意事项

按接地电阻仪测量接地电阻的注意事项。

知识四　导线连接

一、导线的分类和应用

导线分为两大类，即电磁线和电力线。电磁线用来制作各种绕组，如制作变压器、电动机和电磁铁中的绕组。电力线则用来将各种电路连接成通路。

电磁线：按绝缘材料分，有漆包线、丝包线、丝漆包线、纸包线、玻璃纤维包线和纱包线等；按截面的几何形状分，有圆形和矩形两种；按导线线芯的材料分，有铜芯和铝芯两种。

电力线：分为绝缘导线和裸导线两大类。

绝缘导线种类很多，常用的有塑料硬线、塑料软线、塑料护套线、橡皮线、棉线编织橡皮软线（即花线）、橡套软线和铅包线，以及各种电缆等。

常用的裸导线有铝绞线和钢芯铝绞线两种。钢芯铝绞线的强度较高，用于电压较高或档距较大的线路上，低压线路一般多采用铝绞线。

二、绝缘层的剖削

导线连接前，只有把导线端头的绝缘层彻底清除干净，才能保证线头与线头之间有良好的电接触。电工必须学会用电工刀或钢丝钳来剖削绝缘层。各种类型导线剖削方法有所不同。

1. 电磁线绝缘层的剖削

（1）漆包线。直径为 0.1mm 以上的线头，可用细沙纸擦去漆层；直径在 0.6mm 以上的线头，可用电工刀刮削漆层；直径在 0.1mm 以下的线头，也可用细纱纸擦除，但细芯易于折断，要细心留意。

（2）丝包线。线径较小时，把丝包层向后推缩露出线芯。线径较大时，松散部分丝包层，向后推缩露出线芯，然后用细沙纸擦去线芯的氧化层。

（3）纸包线。剥除纸包层，露出一定长度的线芯，然后左手拉紧导线，用绝缘清漆或虫胶酒精液将纸层粘牢，以防继续松散，再用细砂纸擦去线芯表面的氧化层。

2. 电力线绝缘层的剖削

（1）塑料硬线绝缘层的剖削。剖削塑料硬线的绝缘层，用剥线钳最方便，但电工人员必须会用电工刀或钢丝钳来剖削。

1）线芯截面为 $4mm^2$ 及以下的塑料硬线，一般用钢丝钳剖削。

具体操作方法为：用左手捏住导线，根据线头所需长度，用钳头刀口轻切塑料层，但不可切入芯线，然后用右手握住钳子头部，用力向外勒去塑料层。右手握住钢丝钳时，用力要适当，避免伤及线芯。如图 6-11 所示。

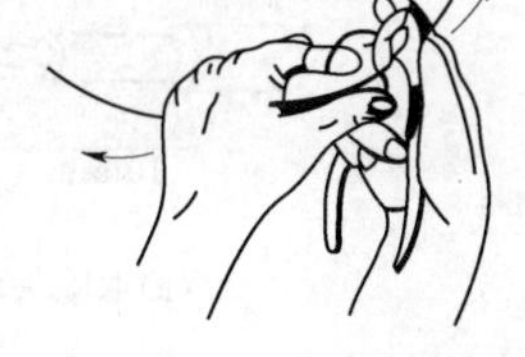

图 6-11 用钢丝钳刀口剖削导线绝缘层

2）线芯截面大于 $4mm^2$ 的塑料硬线，可用电工刀来剖削绝缘层。

具体操作方法为：如图 6-12 所示，根据所需的线端长度，用电工刀以 45°倾斜角切入塑料绝缘层，注意掌握刀口位置，使之刚好削透绝缘层而又不伤及线芯，接着刀面与芯线保持 15°角左右，用力向线端推削出一条缺口，然后把未削去的绝缘层剥离线芯，向后扳转，再用电工刀切齐。

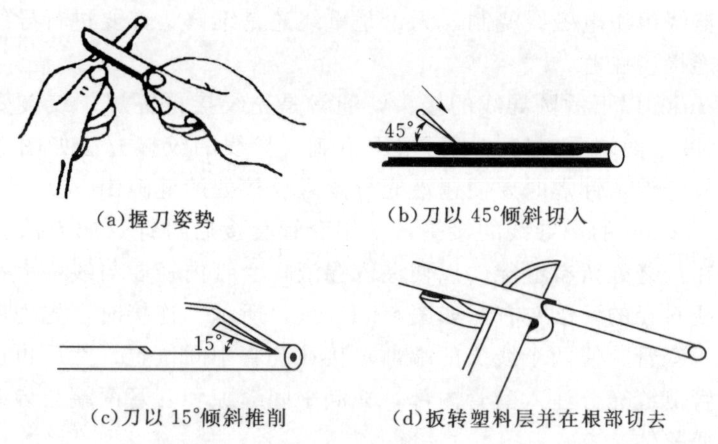

(a)握刀姿势 (b)刀以 45°倾斜切入

(c)刀以 15°倾斜推削 (d)扳转塑料层并在根部切去

图 6-12 电工刀剥离塑料硬线绝缘层

（2）塑料软线绝缘层的剖削。塑料软线的绝缘层只能用剥线钳或钢丝钳来剖削，不可用电工刀剖削。因为塑料软线太软，线芯又是多股的，用电工刀很容易切断线芯。具体方法如同剖削芯线截面为 $4mm^2$ 及以下的塑料硬线。

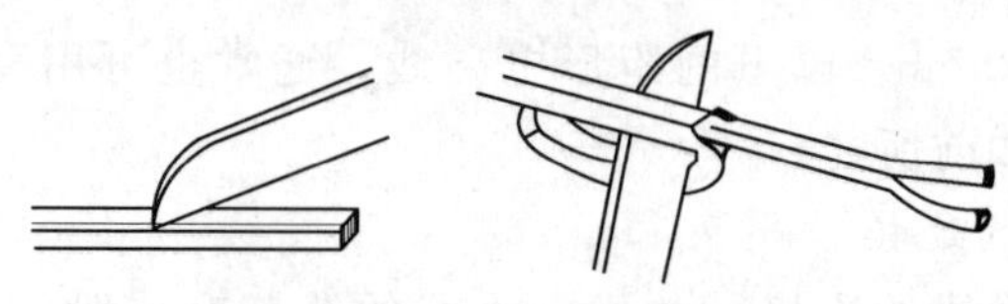

图 6-13 电工刀剥离护套层

（3）塑料护套线绝缘层的剖削。塑料护套线绝缘层分为外层的公共护套层和内部每根芯线的绝缘层。护套层用电工刀来剥离，如图 6-13 所示。根据所需长度用刀尖在线芯缝隙间划开护套层，塑料护套线绝缘层的剖削将护套层向后扳翻，用电工刀齐根切齐。护套层被切去以后，露出每根芯线的绝缘层，其剖削方法与塑料线绝缘层的剖削方法相同，但要求绝缘层的切口与护套层的切口之间，留有 5～10mm 的距离。

（4）花线绝缘层的剖削。花线的绝缘分外层和内层，外层是一层柔韧的棉纱编织层。剖削时，在线头所需长度处用电工刀把外层的棉纱编织层切割一圈拉去。距棉纱织物保护层 10mm 处，用钢丝钳刀口切割橡胶绝缘层，不能损伤芯线，然后右手握住钳头，左手把花线用力抽拉，钳口勒出橡胶绝缘层；最后露出了棉纱层，把棉纱层松散开来，用电工刀割断，如图 6-14 所示。

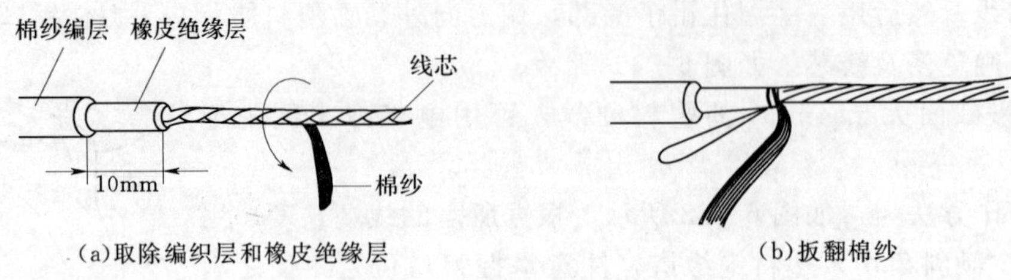

(a)取除编织层和橡皮绝缘层　　(b)扳翻棉纱

图 6－14　花线绝缘层的剖削

三、导线的连接

1. 电磁线的连接

电机、变压器绕组用电磁线绕制，无论是重绕还是维修，都要进行导线的连接。

绕组接头的连接应注意：

（1）直径在 2mm 以下的圆导线的接头，通常是先绞接再钎焊。绞接要均匀，两根线头至少要互绕 10 圈，两端要封口，不可留下毛刺，导线的绞接方法如图 6－15 所示。绞接完毕后，再进行钎焊，针焊时要使锡液充分渗入绞接处的缝隙中。

（2）直径大于 2mm 的圆导线的接头，多用套管套接后再钎焊的方法。套管用镀过锡的薄铜皮卷成，在接缝处留有缝隙，以便注入锡液，套管内径要与线头大小配合好，套管长度一般取为导线直径的 8 倍左右，如图 6－15（c）所示。连接时，先把两个去除了绝缘层的线端相对插入套管，使两个线头的端部对接在套管中间位置，然后再进行钎焊，钎焊时要使锡液从套管侧缝充分注入套管内部，充满中间缝隙和套管两端与导线连接处，从而把线头和套管铸成整体。

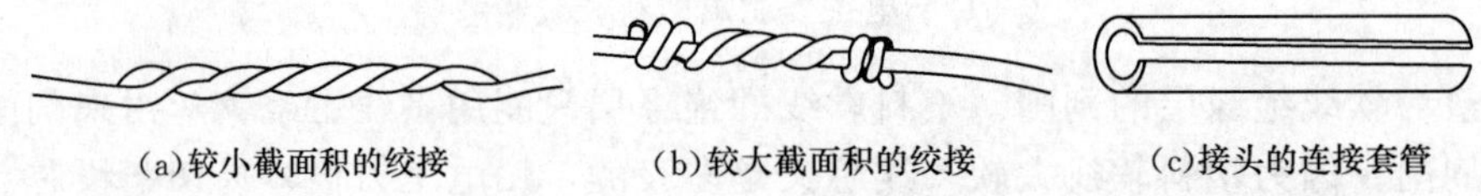

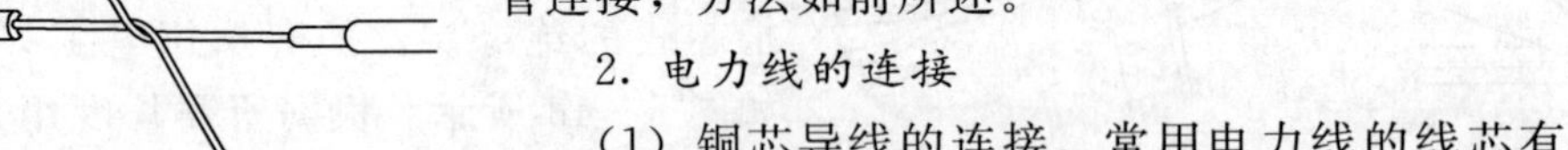

(a)较小截面积的绞接　　(b)较大截面积的绞接　　(c)接头的连接套管

图 6－15　绕组内部端头连接方法

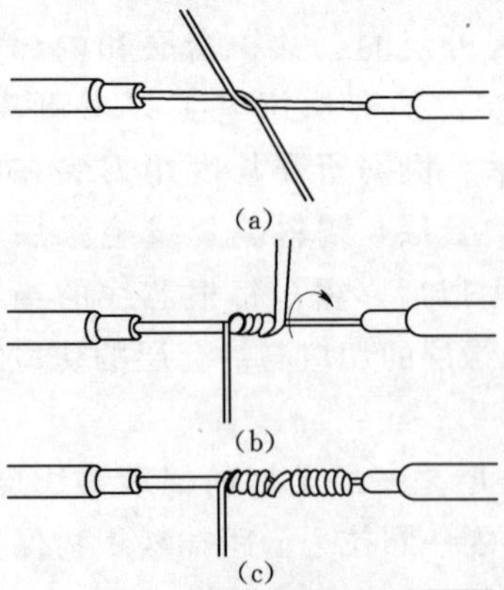

(a)

(b)

(c)

(d)

图 6－16　单股铜芯导线的直接连接

截面积在 $25mm^2$ 以下的矩形电磁线，通常也可用套管连接，方法如前所述。

2. 电力线的连接

（1）铜芯导线的连接。常用电力线的线芯有单股、7 股和 19 股多种，线芯股数不同，连接方法也不同。当导线不够长或分接支路时，就要将导线与导线连接。

1）单股铜芯导线的直接连接。先把两线端 X 形相交，如图 6－16（a）所示；互相绞合 2～3 圈，如图 6－16（b）所示；然后扳直两线端，将每线端在线芯上紧贴并绕 6 圈，如图 6－16（c）、（d）所示。多余的线端剪去，并钳平切口毛刺。

2）单股铜芯导线的 T 字分支连接。连接时要把支线芯线头与干线芯线十字相交，使支线芯线根部留出约 3～

5mm；较小截面芯线按图 6－17 所示的方法，环绕成结状，再把支线线头抽紧扳直，然后紧密地并缠 6～8 圈，剪去多余芯线，钳平切口毛利。较大截面的芯线绕成结状后不易平服，可在十字相交后直接并缠 8 圈；但并缠时必须十分的紧密牢固。

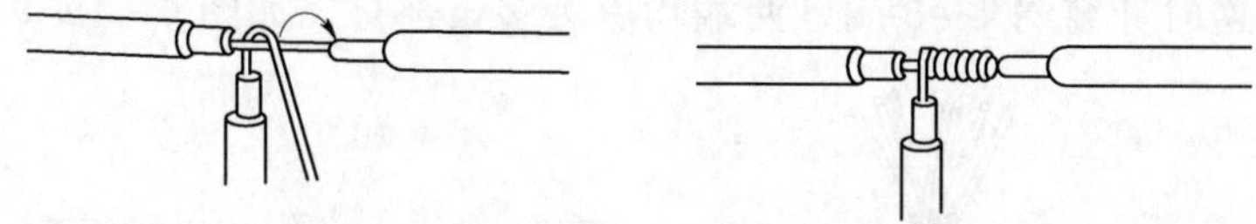

图 6－17　单股铜芯导线 T 字分支连接

3）7 股铜芯导线的直接连接。按下列步骤进行：

a. 先将剖去绝缘层的芯线头拉直，接着把芯线头全长的 1/3 根部进一步绞紧，然后把余下的 2/3 根部的芯线头，如图 6－18（a）所示方法，分散成伞骨状，并将每股芯线拉直。

b. 把两导线的伞骨状线头隔股对叉，如图 6－18（b）所示，然后捏平两端每股芯线。

c. 先把一端的 7 股芯线按 2 股、2 股、3 股分成三组，接着把第一组股芯线扳起，垂直于芯线如图 6－18（c）所示，然后按顺时针方向紧贴并缠 2 圈，再扳成与芯线平行的直角，如图 6－18（d）所示。

d. 按照上一步骤相同方法继续紧缠第二组和第三组芯线，但在后一组芯线扳起时，应把扳起的芯线紧贴前一组芯线已弯成直角的根部，如图 6－18（e）、（f）所示。第三组芯线应紧缠三圈，如图 6－18（g）所示。每组多余的芯线端应剪去，并钳平切口毛刺。导线的另一端连接方法相同。

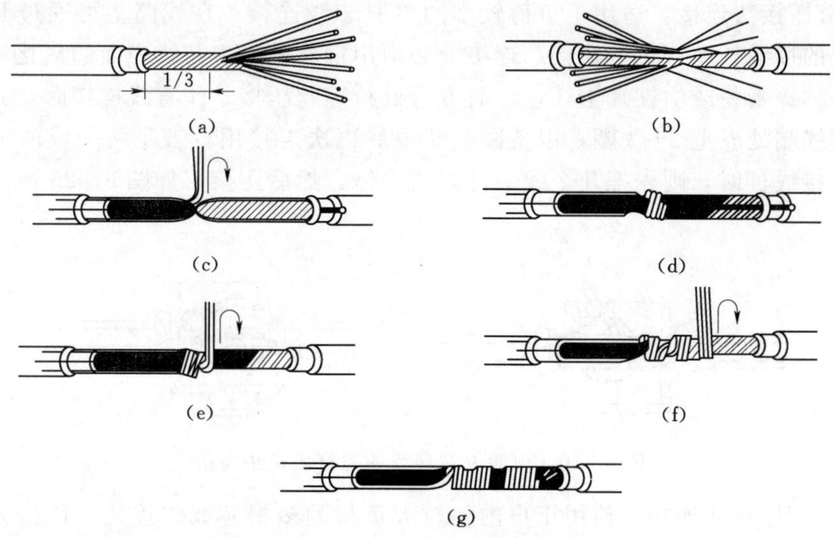

图 6－18　7 股铜芯导线的直接连接

4）19 股铜芯导线的直接连接。连接方法与 7 股芯线的基本相同，芯线太多，可剪去中间的几股芯线，缠接后，在连接处尚须进行钎焊，以增强其机械强度和改善导电性能。

5）7 股铜芯导线的 T 字分支连接。把分支芯线线头的 1/8 处根部进一步绞紧，再把

7/8 处部分的 7 股芯线分成两组，如图 6-19（a）所示；接着把干线芯线用螺丝刀撬分两组，把支线四股芯线的一组插入干线的两组芯线中间，如图 6-19（b）所示；然后把三股芯线的一组往干线一边按顺时针紧缠 3～4 圈，钳平切口，如图 6-19（c）所示；另一组四股芯线则按逆时针缠绕 4～5 圈，两端均剪去多余部分，如图 6-19（d）所示。

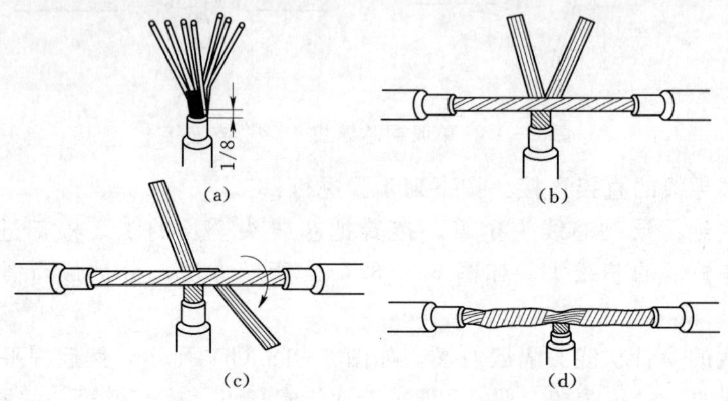

图 6-19　7 股铜芯导线的 T 字分支连接

6）19 股铜芯导线的 T 字分支连接。19 股铜芯导线 T 字分支与 7 股芯线导线基本相同。只是将支路导线的芯线分成 9 根和 10 根，并将 10 根芯线插入干线芯线中，各分两次向左右缠绕。

（2）铝芯导线的连接。铝极易氧化，而氧化铝膜的电阻率又很高，所以铝芯导线不能采用铜芯线的方法进行连接，否则容易发生事故。铝芯导线的连接方法如下。

1）螺钉压接法连接。适用于负荷较小的单股芯线连接。在线路上可通过开关、灯头和瓷接头上的接线桩螺钉进行连接。连接前必须用钢丝刷除去芯线表面的氧化铝膜，并立即涂上凡士林锌膏粉或中性凡士林，然后方可进行螺丝压接。作直线连接时，先把每根铝导线在接近线端处卷上 2～3 圈，以备线头断裂后再次连接用，若是两个或两个以上线头同接在一个接线桩时，则先把几个线头拧接成一体，然后压接，如图 6-20 所示。

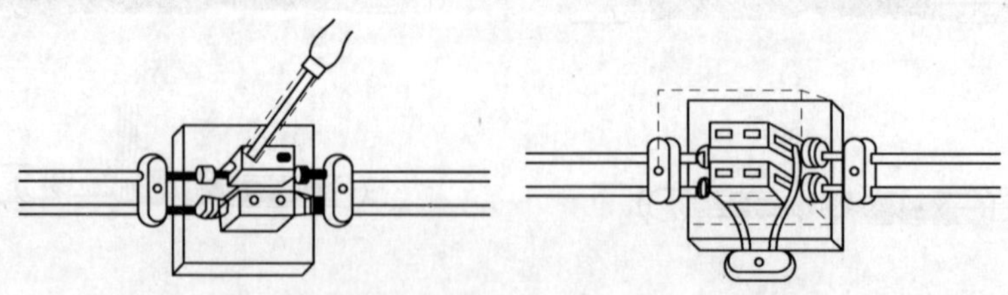

图 6-20　单股铝芯导线的螺钉压接法连接

2）钳接管压接法连接。使用于户内外较大负荷的多根芯线的连接。压接方法是：选用适应导线规格的钳接管（压接管），清除掉钳接管内孔和线头表面的氧化层，按如图 6-21 所示方法和要求，把两线头插入钳接管，用压接钳进行压接。若是钢芯铝绞线，两线之间则应衬垫一条铝质垫片，钳接管的压坑数和压坑位置的尺寸是有标准的。

（3）线头与接线桩的连接。在各种用电器或电气装置上，均有接线桩供连接导线用，常用的接线桩有针孔式和螺钉平压式两种。

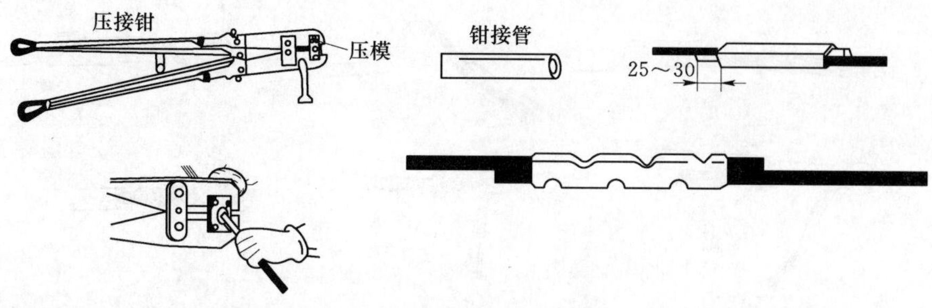

图 6－21　钳接管压接法连接

1）线头与针孔式接线桩的连接方法如图 6－22 所示，在针孔式接线桩上接线时，如果单股芯线与接线桩插线孔大小适宜，只要把芯线插入针孔，旋紧螺钉即可，如图 6－22（a）所示。如果单股芯线较细，则要把芯线折成双根，再插入针孔；或选一根直径大小相宜的铝导线作绑扎线，在已绞紧的线头上紧密缠绕一层，线头和针孔合适后再进行压接，如图 6－22（b）所示。如果是多根软芯线，必须先绞紧线芯，再插入针孔，切不可有细丝露在外面，以免发生短路事故。若线头过大，插不进针孔，可将线头散开，适量减去中间几股，然后绞紧的线头，进行压接如图 6－22（c）所示。

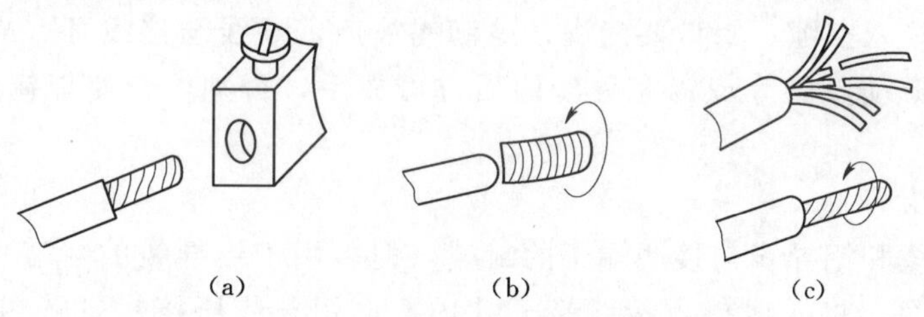

图 6－22　线头与针孔式接线桩的连接

2）线头与螺钉平压式接线桩的连接。在螺钉平压式接线桩上接线时，如果是较小截面单股芯线，则必须把线头弯成羊眼圈，如图 6－23 所示，羊眼圈弯曲的方向应与螺钉拧紧的方向一致。多股芯线与螺钉平压式接线桩连接时，压接圈的弯法如图 6－24 所示。较大截面单股芯线与螺钉平压式接线桩连接时，线头须装上接线耳，由接线耳与接线桩连接。

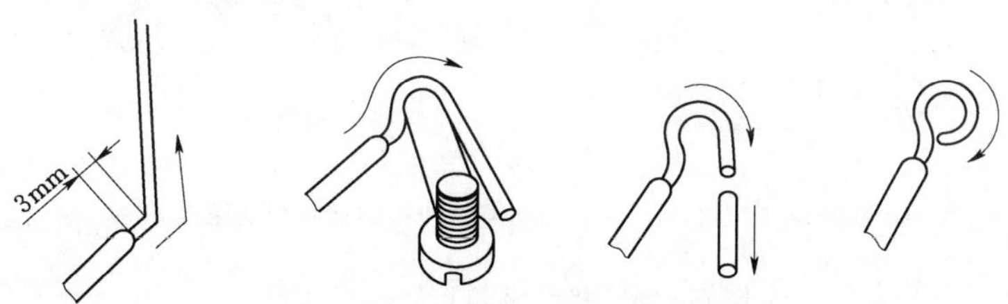

图 6－23　单股芯线羊眼圈弯法

四、导线的封端

安装后的配线出线端，最终要与电器或设备相连。将导线端部装设接线耳，用接线耳（又称线鼻子）先与线端用压接钳压接，如图 6－25（d）所示，或进行钎焊（大截面采用

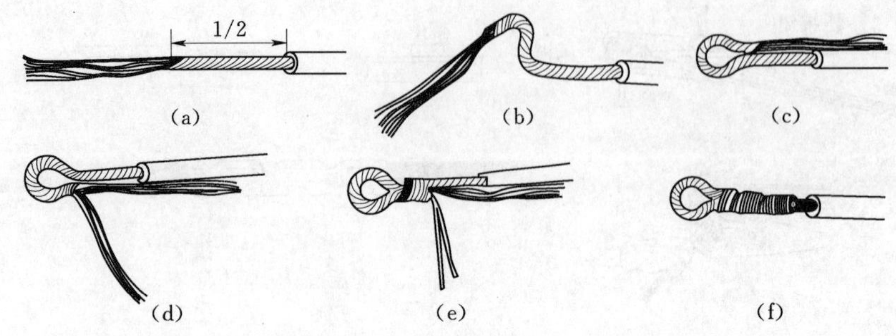

图 6-24　多股芯线压接圈弯法

乙炔气焊），然后由接线耳再与接线端子进行螺钉压接，与设备相连接即为封端连接，大截面导线的设备连接常采用此法。接线耳和接线端子螺钉的形状如图 6-25（a）、图 6-25（b）、图 6-25（c）所示。

1. 锡焊封端法

适用于铜芯导线与铜接线端子的封端。方法是：焊接前，先清除导线端和接线耳内表面的氧化层，并涂上无酸焊锡膏，将线端搪一层锡后把接线耳加热，将锡熔化在接线耳孔内，再插入搪好锡的芯线继续加热，直到焊锡完全熔化渗透在线芯缝隙中为止。钎焊时，必须使锡液充分注入空隙，封口要封满；灌满锡液后，导线与接线耳（或接线端子螺钉）之间的位置不可挪动，要等焊锡充分凝固后方可放手，否则，会使焊锡结晶粗糙，甚至脱焊。

2. 压接封端法

适用于铜导线和铝导线与接线端子的封端（但多用于铝导线的封端）。方法是：先把线端表面清除干净，将导线插入接线端子孔内，再用导线压接钳进行钳压，如图 6-25 所示。

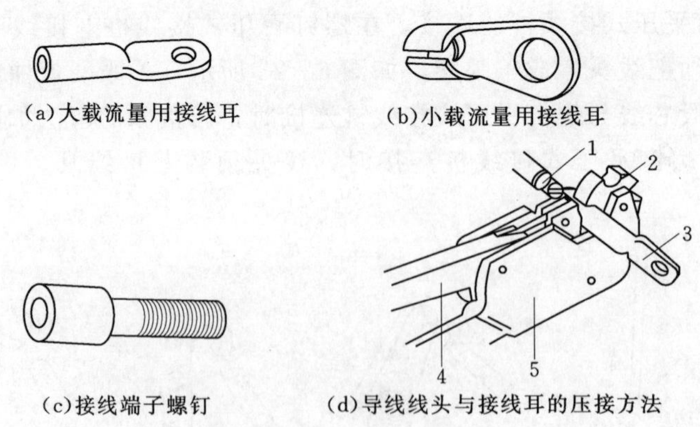

图 6-25　接线耳与接线端子螺钉

1—线头；2—模块；3—接线耳；4—钳柄；5—压接钳头

五、导线绝缘层的恢复

为了保证用电安全，导线的绝缘层破损后，必须恢复，导线连接后，也需恢复绝缘。恢复后的绝缘强度不应低于原有绝缘层。

1. 线圈内部导线绝缘层的恢复

(1) 绝缘材料选用。线圈内部导线绝缘层有破损，或经过接头后，要根据线圈层间和匝间承受的电压及线圈的技术要求，选用合适的绝缘材料包覆。常用的绝缘材料有电容纸、黄蜡绸、黄蜡布、青壳纸和涤纶薄膜等。其中，电容纸和青壳纸的耐热性能最好，电容纸和涤纶薄膜最薄。电压较低的小型线圈，选用电容纸，电压较高的选用涤纶薄膜；较大型的线圈，则选用黄蜡带或青壳纸。

(2) 恢复方法。一般采用衬垫法，即在导线绝缘层破损处（或接头处）上下衬垫一层或两层绝缘材料，左右两侧借助于邻匝导线将其压住。衬垫时，绝缘垫层前后两端都要留出一倍于破损长度的余量。

2. 线圈线端连接处绝缘层的恢复

(1) 绝缘材料选用。一般选用黄蜡带、涤纶薄膜带或玻璃纤维带等绝缘材料。

(2) 恢复方法。恢复绝缘通常采用包缠法，即从完整绝缘层上开始包缠，包缠两根带宽后方可进入连接处的线芯部分。包至连接处的另一端时，也需同样包入完整绝缘层上两根带宽的距离，如图 6-26 (a) 所示。

包缠时，绝缘带与导线应保持约 45°的倾斜角，每圈包缠压叠带的一半，如图 6-26 (b) 所示。一般情况下需包缠两层绝缘带，必要时再用纱布带封一层。绝缘带与绝缘带的衔接，应采取续接的方法，如图 6-26 (c) 所示。绝缘带包缠完毕后的末端，应用纱线绑扎牢固，如图 6-26 (d) 所示，或用绝缘带自身套结扎紧，方法如图 6-26 (e) 所示。

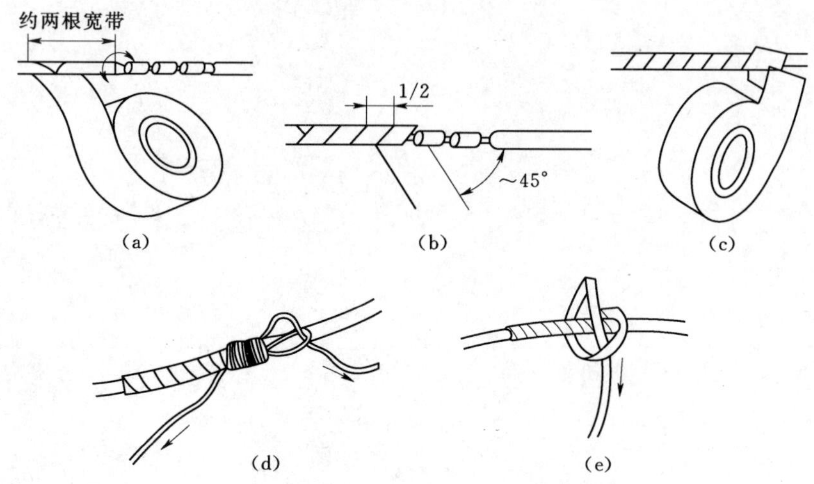

图 6-26　黄蜡带或塑料绝缘带的包缠

3. 电力线绝缘层的恢复

(1) 绝缘材料选用。一般选用黑胶带、黄蜡带、塑料绝缘带和涤纶薄膜带等，它们的绝缘强度按上列顺序依次递增。为了包缠方便，一般绝缘带选用 20mm 宽较适中。

(2) 绝缘带的包缠方法。将黄蜡带（或塑料绝缘带）从导线的左边完整的绝缘层上开始包缠，包缠两带宽后方可进入无绝缘层的芯线部分，如图 6-26 (a) 所示。

包缠时，黄蜡带（或塑料绝缘带）与导线保持约 45°的倾斜角，每圈压叠带宽的 1/2，如图 6-26（b）所示。包缠一层黄蜡带后，将黑胶布带接在黄蜡带的尾端，朝相反方向斜叠包缠一层黑胶布带，也要每圈压叠带宽的 1/2，如图 6-26（c）所示。若采用塑料绝缘带进行包缠时，就按上述包缠方法来回包缠 3～4 层后，留出 10～15mm 长段，再切断塑料绝缘带；将留出段用火点燃，并趁势将燃烧软化段用拇指摁压，使其粘贴在塑料绝缘带上。

（3）包缠要求。在 380V 线路上的导线恢复绝缘时，必须先包缠 1～2 层黄蜡带，然后再包缠一层黑胶布带。在 220V 线路上的导线恢复绝缘时，先包缠一层黄蜡带，然后再包缠一层黑胶布带。也可只包缠两层黑胶布带。绝缘带包缠时，不能过疏，更不能露出芯线，以免造成触电或短路事故。绝缘带平时不可放在温度很高的地方，也不可浸染油类。

巩固与练习

1. 兆欧表的作用是什么？如何使用？
2. 钳形电流表如何使用？
3. 电能表的工作原理是什么？
4. 导线有哪几类，如何应用？
5. 简述导线绝缘层的剥削方法。
6. 简述导线绝缘层的恢复方法。

项目七 安 全 用 电

本讲介绍关于如何预防用电事故及保障人身、设备安全的知识。在电子装配调试中，要使用各种工具、电子仪器等设备，同时还要接触危险的高电压，如果不掌握必要的安全用电知识，操作中缺乏足够的警惕，就可能发生人身、设备事故。为此，必须在熟悉触电对人体的危害和触电原因的基础上，了解一些安全用电知识，做到防患于未然。

任务一 触电对人体的危害

触电是从事电类工作时，需时刻警惕的危险事件。触电对人体危害主要有电伤和电击两种。

知识一 电击和电伤

一、电击

电击是指电流通过人体或动物躯体而产生的化学效应、机械效应、热效应及生理效应而导致的伤害。

二、电伤

电伤是由于触电而使人体外部受到局部伤害。电伤通常有以下三种。

(1) 灼伤。由于电的热效应而灼伤人体皮肤、皮下组织、肌肉，甚至神经。灼伤引起皮肤发红、起泡、烧焦、坏死。

(2) 电烙伤。电烙伤是由电流的机械和化学效应造成人体触电部位外部伤痕，通常是皮肤表面的肿块。

(3) 皮肤金属化。这种化学效应是由于带电体金属通过触电点蒸发进入人体造成的，局部皮肤呈现相应金属的特殊颜色。

知识二 影响触电危险程度的因素

影响触电危险程度的因素有以下几个。

一、电流的大小

人体内存在生物电流，一定限度的电流不会对人造成损伤。一些电疗仪器就是利用电流刺激达到治疗目的。但若流过人体的电流达到一定程度，就有可能危及生命。

二、电流种类

电流种类不同，对人体损伤有所不同。直流电一般引起电伤；而交流电则将同时引起电击与电伤，特别是40～100Hz交流电，对人体最危险。而人们日常使用的工频市电(50Hz)正在这个危险的频段。当交流电频率达到20kHz时对人体危害很小，用于理疗的一些仪器采用的就是这个频段。不同大小的交流电流对人体的作用如表 7－1 所示。

表 7－1　　电流对人体的作用

电流（mA）	对人体的作用
＜0.7	无感觉
1	有轻微感觉
1～3	有刺激感，一般电疗仪器取此电流
3～10	感到痛苦，但可自行摆脱
10～30	引起肌肉痉挛，短时间无危险，长时间有危险
30～50	强烈痉挛，时间超过 60s 即有生命危险
50～250	产生心脏室性纤维颤，丧失知觉，严重危害生命
＞250	短时间内（1s 以上）造成心脏骤停，体内造成电灼伤

三、电流作用时间

电流对人体的伤害与作用时间密切相关。可以用电流与时间的乘积（又称电击强度）来表示电流对人体的危害。触电保护器的一个主要指标就是额定电流与断开时间乘积小于 30mA·s。实际产品可以达到小于 3mA·s，故可有效防止触电事故。

四、电流途径

如果电流不经人体的脑、心、肺等重要部位，除了电击强度较大时可造成内部烧伤外，一般不会危及生命。但如果电流流经上述部位，就会造成严重后果。这是由于电击会使神经麻痹而造成心脏停搏，呼吸停止。例如，电流从一只手到另一只手，或由手流到脚，就会产生这种情况。

五、人体电阻

人体是个阻值不确定的电阻，皮肤干燥时电阻可呈现 100kΩ 以上，而一旦潮湿，电阻可降到 1kΩ 以下。我们平常所说的安全电压 36V，就是对人体皮肤干燥时而言的。倘若用湿手接触 36V 电压，同样会受到电击。

人体还是一个非线性电阻，随着电压升高，电阻值减小。

任务二　触电的方式

人体触电，主要原因有直接或间接接触带电体以及跨步电压。直接触电又可分为单相触电和双向触电两种。

知识一　单相触电

一般工作和生活场地所供电为 380V/220V 中性点接地系统，当人体接触带电设备或线路中的某一相导体时，一相电流通过人体经大地回到中性点，人体承受相电压，这种触电形式称为单相触电。

一、电源中性点接地的单相触电

电源中性点接地的单相触电如图 7-1 所示。通过人体的电流为

$$I_b=\frac{U_P}{R_0+R_b}$$

式中：U_P 为电源相电压，220V；R_0 为接地电阻，不大于 4Ω；R_b 为人体电阻，取 1000Ω。

故
$$I_b=\frac{U_P}{R_0+R_b}=\frac{220}{4+1000}\approx 219\ (\text{mA})\gg 50\ (\text{mA})$$

可知，这时人体处于相电压下，危险较大。

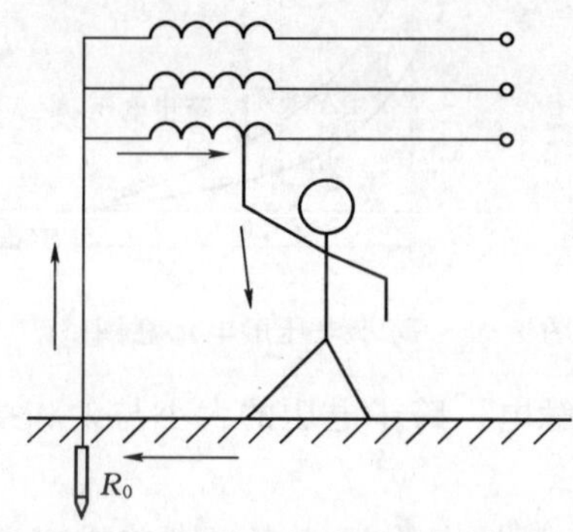

图 7-1　电源中性点接地的单相触电

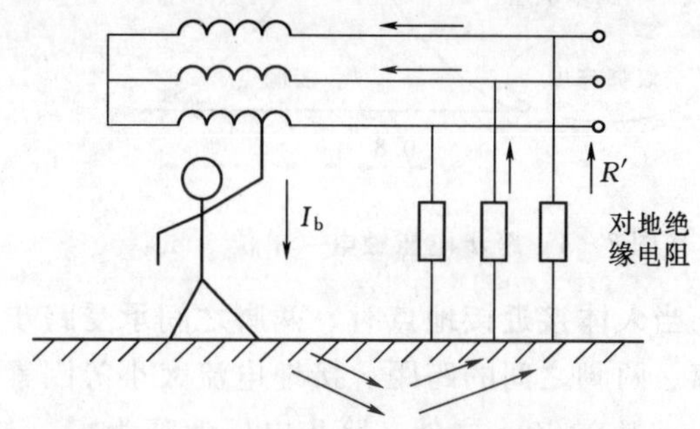

图 7-2　电源中性点不接地的单相触电

二、电源中性点不接地的单相触电

电源中性点不接地的单相触电如图 7-2 所示。人体接触某一相时，通过人体的电流取决于人体电阻 R_b 与输电线对地绝缘电阻 R' 的大小。若输电线绝缘良好，绝缘电阻 R' 较大，对人体的危害性就减小。但导线与地面间的绝缘可能不良（R' 较小），甚至有一相接地，这时人体中就有电流通过。

知识二　双相触电

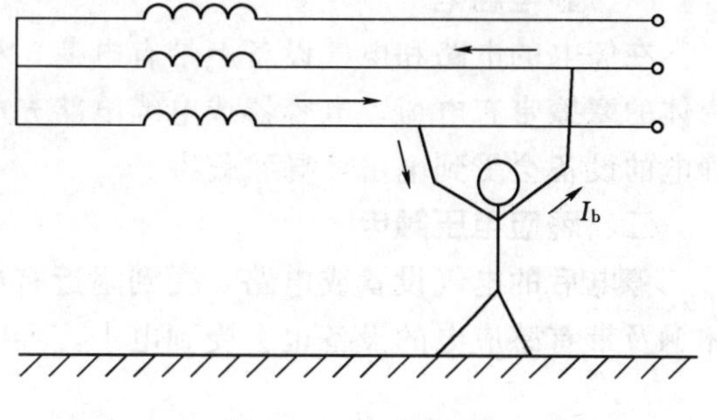

图 7-3　双相触电

人体同时接触电网的两根相线，电流从一相导体流入另一相导体从而发生触电，这种触电形式称为双相触电。这时人体处于线电压下，如图 7-3 所示。

通过人体的电流：

$$I_b=\frac{U_l}{R_b}=\frac{380}{1000}=0.38=380(\text{mA})\gg 50(\text{mA})$$

故触电后果更为严重。

知识三 跨步电压触电

在高压输电线断线落地时，有强大的电流流入大地，在接地点周围产生电压降，如图7-4所示。跨步电压触电示意图如图7-5所示。

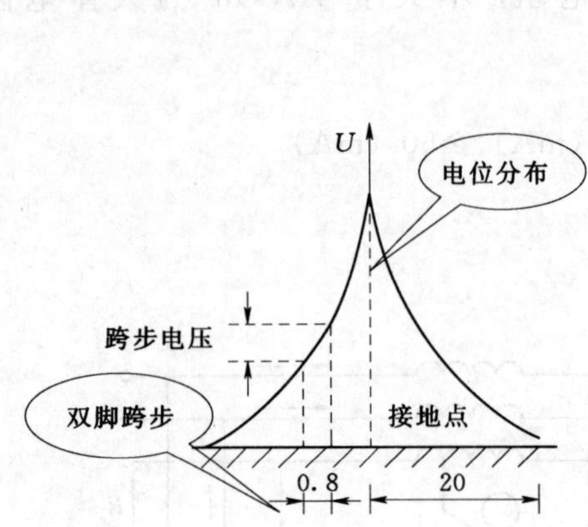

图7-4 跨步电压触电（单位：m）

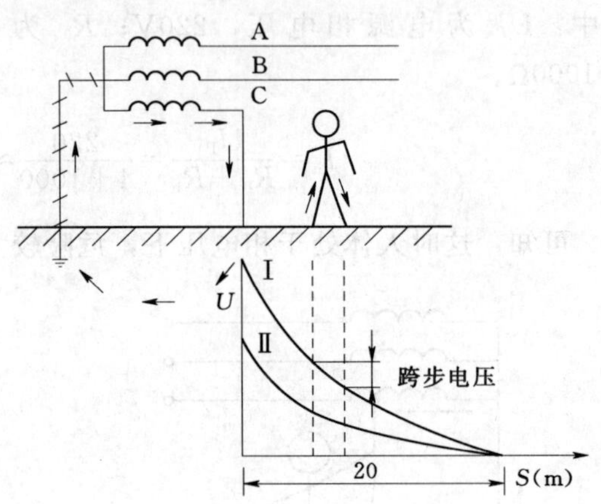

图7-5 跨步电压触电示意图

当人体接近接地点时，两脚之间承受跨步电压而触电。跨步电压的大小与人和接地点距离、两脚之间的跨距、接地电流大小等因素有关。

一般在20m之外，跨步电压就降为零。如果误入接地点附近，应双脚并拢或单脚跳出危险区。

知识四 静电触电和感应电压触电

一、静电触电

在停电的电路和电气设备上带有电荷，称为静电。带有静电的原因是各式各样的，如物体的摩擦带有电荷，电容器或电缆电路充电后，切除电源，仍残存电荷。人体触及带有静电的设备会受到电击，导致伤害。

二、感应电压触电

停电后的电气设备或电路，受到附近有电设备或电路的感应而带电，称为感应电。人体触及带有感应电的设备也会受到电击，导致伤害。

任务三 安全用电知识

在使用电能的过程中，如果不注意用电安全，可能造成人身触电伤亡事故或电气设备的损坏，甚至影响到电力系统的安全运行，造成大面积的停电事故，使国家财产遭受损失，给生产和生活造成很大的影响。因此，我们必须注意安全用电，以保证人身、设备、电力系统三方面的安全，防止事故的发生。

安全用电是指在保证人身及设备安全的条件下，应采取的科学措施和手段。通常从两方面着手：一是建立健全各种操作规程和安全管理制度；二是采取技术防护措施，即电气设备接地和接零、漏电保护器两种方式。

知识一 接地和接零

按接地目的的不同，主要分为工作接地、保护接地、保护接零和重复接地。

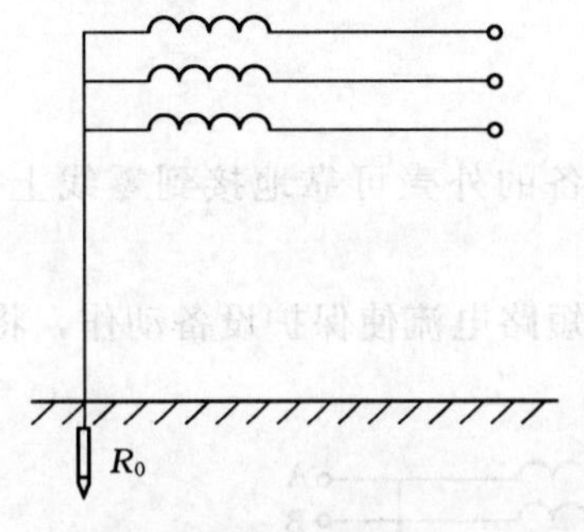

图 7-6 工作接地

一、工作接地

工作接地即将中性点接地，如图 7-6 所示。其目的为：

(1) 降低触电电压。

(2) 迅速切断故障。在中性点接地的系统中，一相接地后的电流较大，保护装置迅速动作，断开故障点。

(3) 降低电气设备对地的绝缘水平。

二、保护接地

(1) 电气设备外壳未装保护接地时，如图 7-7 所示。

当电气设备内部绝缘损坏发生一相碰壳时，由于外壳带电，当人触及外壳，接地电流 I_e 将经过人体入地后，再经其他两相对地绝缘电阻 R' 及分布电容 C' 回到电源。当 R' 值较低、C' 较大时，I_b 将达到或超过危险值。

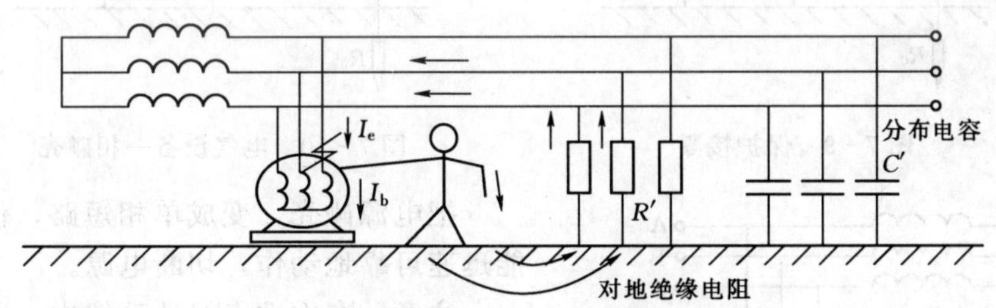

图 7-7 电气设备外壳未安装保护接地时

(2) 保护接地。将电气设备的金属外壳（正常情况下是不带电的）接地。用于中性点不接地的低压系统如图 7-8 所示。

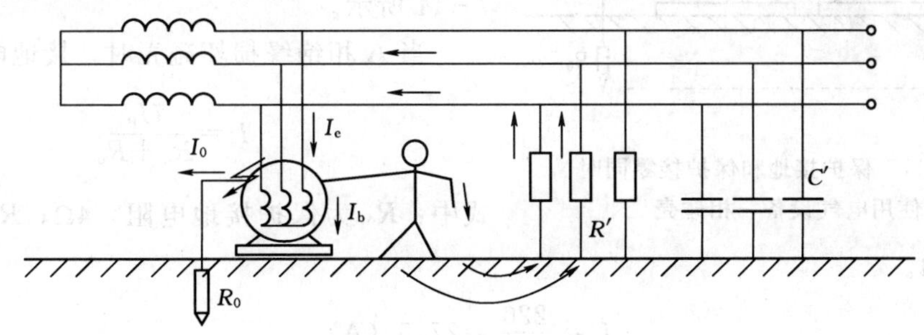

图 7-8 保护接地

电气设备外壳有保护接地时，通过人体的电流为

$$I_b = I_e \frac{R_0}{R_0 + R_b}$$

利用接地装置的分流作用来减少通过人体的电流。

R_b 与 R_0 并联，且 $R_b \gg R_0$。

因此，通过人体的电流可减小到安全值以内。

三、保护接零

保护接零用于 380V/220V 三相四线制系统。将电气设备的外壳可靠地接到零线上，如图 7-9 所示。

当电气设备绝缘损坏造成一相碰壳，该相电源短路，其短路电流使保护设备动作，将故障设备从电源切除，防止人身触电，如图 7-10 所示。

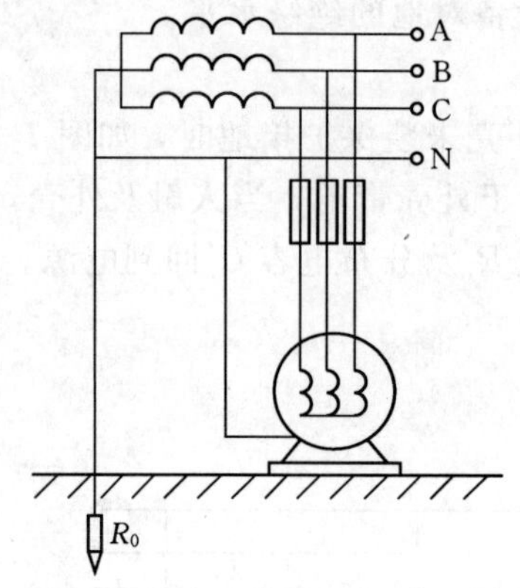

图 7-9 保护接零

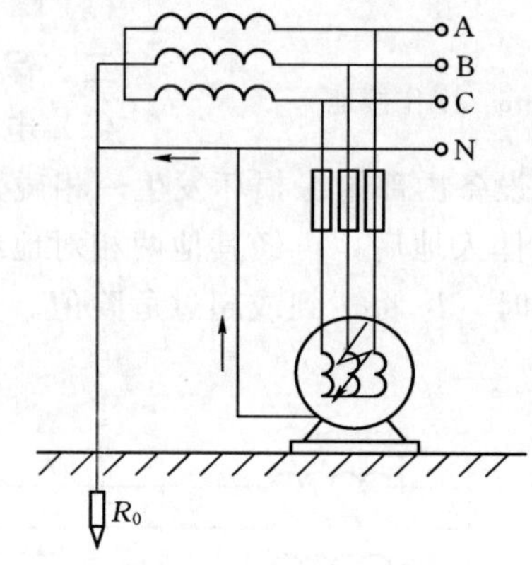

图 7-10 电气设备一相碰壳

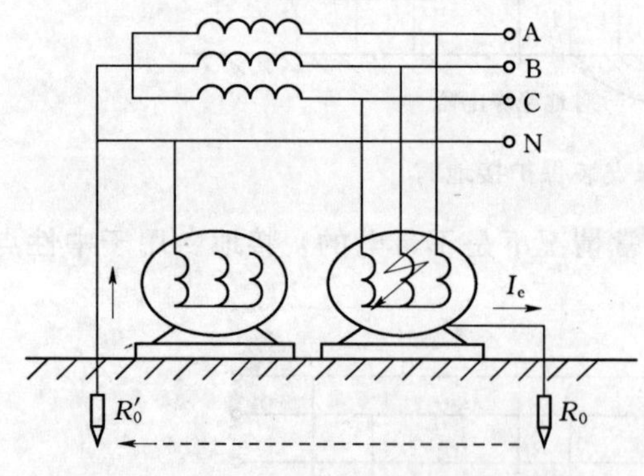

图 7-11 保护接地和保护接零同时使用电气设备一相碰壳

把电源碰壳，变成单相短路，使保护设备能迅速可靠地动作，切断电源。

注意，在中性点接地系统中。①不允许采用保护接地，只能采用保护接零；②不准保护接地和保护接零同时使用。

若保护接地和保护接零同时使用时，如图 7-11 所示。

当 A 相绝缘损坏碰壳时，接地电流为

$$I_e = \frac{U_P}{R_0 + R_0'}$$

式中：R_0 为保护接地电阻，4Ω；R_0'为工作接地电阻，4Ω。

故
$$I_e = \frac{220}{4+4} = 27.5\ (A)$$

此电流不足以使大容量的保护装置动作，而使设备外壳长期带电，其对地电压为 110V，存在安全隐患。

四、重复接地

在电源中性线有工作接地的系统中，为确保保护接零的可靠，还需相隔一定距离将中性线或接地线重新接地，称为重复接地。

从图 7－12（a）可以看出，一旦中性线断线，设备外露部分带电，人体触及后同样会有触电的可能。而在重复接地的系统中，如图 7－12（b）所示，即使出现中性线断线，但外露部分因重复接地而使其对地电压大大下降，对人体的危害也大大降低。

不过应尽量避免中性线或接地线出现断线的现象。

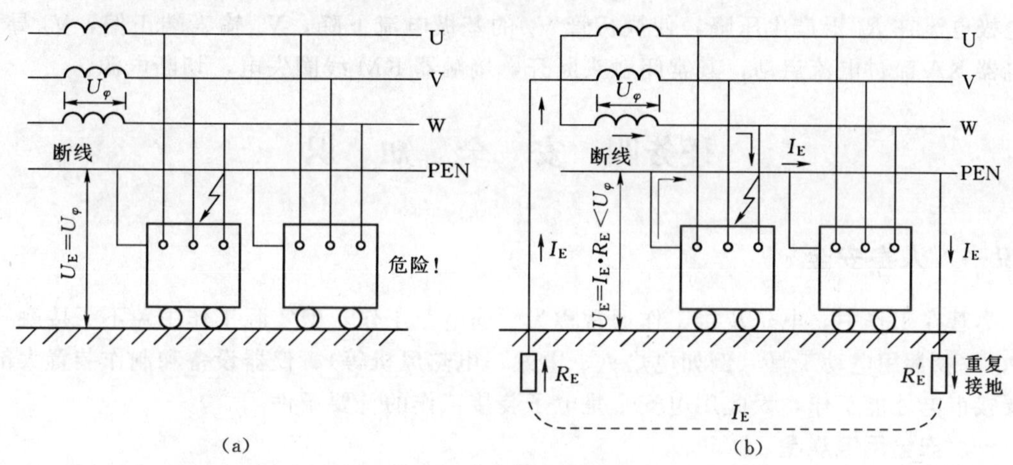

图 7－12　重复接地作用

知识二　漏电保护

漏电保护为近年来推广采用的一种新的防止触电的保护装置。在电气设备中发生漏电

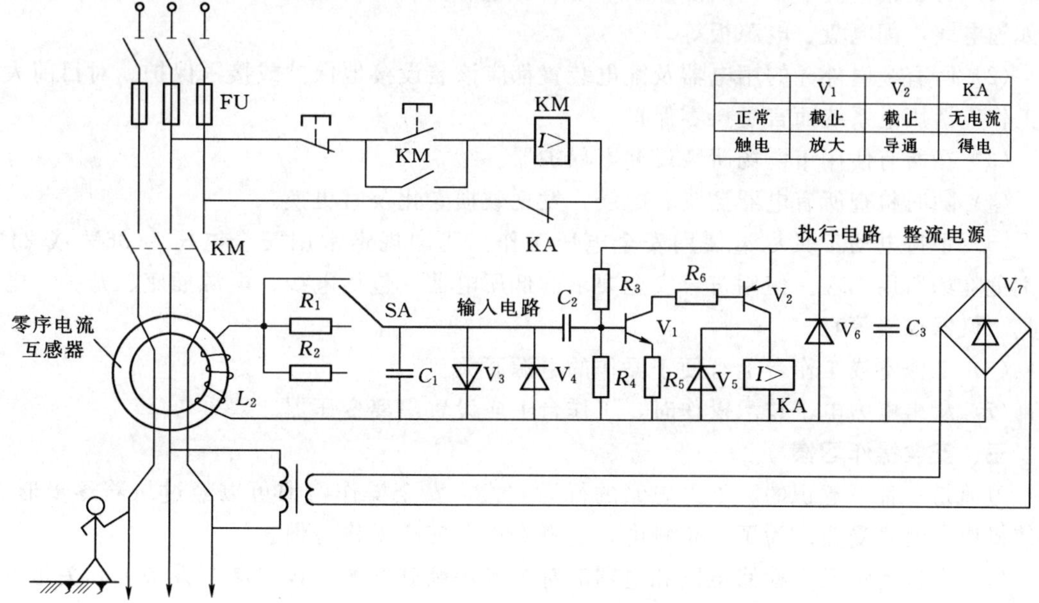

	V_1	V_2	KA
正常	截止	截止	无电流
触电	放大	导通	得电

图 7－13　晶体管放大式漏电保护器原理图

或接地故障而人体尚未触及时，漏电保护装置已切断电源；或者在人体已触及带电体时，漏电保护器能在非常短的时间内切断电源，减轻对人体的危害。漏电保护器的种类很多，这里介绍目前应用较多的晶体管放大式漏电保护器。

晶体管漏电保护器的组成及工作原理如图 7-13 所示，由零序电流互感器、输入电路、放大电路、执行电路、整流电源等构成。

当人体触电或线路漏电时，零序电流互感器原边中有零序电流流过，在其副边产生感应电动势，加在输入电路上，放大管 V_1 得到输入电压后，进入动态放大工作区，V_1 的集电极电流在 R_6 上产生压降，使执行管 V_2 的基极电流下降，V_2 输入端正偏，V_2 导通，继电器 KA 流过电流启动，其常闭触头断开，接触器 KM 线圈失电，切断电源。

任务四　安全知识

知识一　人身安全

尽管在工作中，电子装接工作通常称为“弱电”工作，但实际工作中免不了接触“强电”。一般常用电动工具（例如电烙铁、电站、电热风机等）、仪器设备和制作装置大部分需要接市电才能工作，因此用电安全是电子装接工作的首要条件。

一、安全用电观念

用电时，侥幸心理万万不可有，必须牢固树立安全用电观念，并使之贯穿于工作的全过程。任何制度，任何措施，都是由人来贯彻执行的，忽视安全是最大的隐患。

二、安全预防措施

预防触电的措施很多，这里提出的几条措施都是最基本的安全保障。

（1）对正常情况下带电的部分，一定要加绝缘防护，并且置于人不容易碰到的地方。例如输电线，配电盘、电源板等。

（2）所有金属外壳的用电器及配电装置都应该装设接地保护或接零保护。对目前大多数工作生活用电系统而言是接零保护。

（3）在所有使用市电场所装设漏电保护器。

（4）随时检查所有电器插头、电线，发现破损老化及时更换。

（5）手持电动工具尽量使用安全电压工作。我国规定常用安全电压为 36V 或 24V，特别危险场所用 12V。使用符合安全要求的低压电器（包括电线、电源插座、开关、电动工具、仪器仪表等）。

（6）工作室或工作台上有便于操作的电源开关。

（7）从事电力电子技术操作时，工作台上应设置隔离变压器。

三、安全操作习惯

习惯是一种下意识的，不经思索的行为方式，安全操作习惯可以经过培养逐步形成，并使操作者终身受益。为了防止触电，应遵守以下安全操作习惯。

（1）在任何情况下检修电路和电器时都要确保断开电源，仅仅断开设备上开关是不够的，还要拔下插头。

（2）不要湿手开、关、插、拔电器。

（3）遇到不明情况时的电线，先认为他是带电的。

（4）尽量单手操作电工作业。

（5）不在疲倦、带病等不利状态下从事电工作业。

（6）遇到较大体积的电容器先进行放电，再进行检修。

（7）触及电路的任何金属部分之前都应进行安全测试。

在电子装接工作中，除了注意用电安全外，还要防止机械损伤和防止烫伤，相应的安全操作习惯如下：

（1）用剪线钳剪断小导线（如去掉焊好的过长元器件引线）时，要让导线飞出方向朝工作台或空地，绝不可朝向人或设备。

（2）用螺丝刀拧紧螺丝时，另一只手不要握在螺丝刀刀口方向。

（3）烙铁头在没有确信脱离电源时，不能用手摸，以免烫伤。

（4）烙铁头上多余的锡不要乱丢。

（5）在通电状态下不要触及发热电子元器件（如变压器、功率器件、电阻、散热片等），以免烫伤。

知识二　设备安全

在工作中，要使用一些电子仪器（而且有时用到的电子仪器还非常昂贵），因此，除了特别注意人身安全外，设备安全也不容忽视。

一、设备接电前检查

将用电设备接入电源前，必须注意用电设备的要求接入电源。我国试点标准为AC 220V/50Hz，但不同国家是不同的，有 AC 110V、AC 115V、AC 127V、AC 225V、AC 230V、AC 240V 等电压，电源频率有 50Hz、60Hz 两种。

此外，环境电源也不一定都是 220V，特别是对工厂企业、科研院所，有些地方需要AC 380V，或 AC 36V，有的地方需要 DC 12V。因此，用电设备接电前要“三查”。

（1）查设备铭牌：按国家标准，设备都应在醒目处有该设备要求电源电压、频率、电源容量的铭牌或标志；小型设备的说明也可能在说明书中。

（2）查环境电源：电压、容量是否与设备吻合。

（3）查设备本身：电源线是否完好、外壳是否带电，一般用万用表进行检查。

二、设备使用异常的处理

（1）用电设备在使用中可能发生的异常情况。

1）设备外壳或手持部位有麻的感觉。

2）开机或使用中熔断丝烧断。

3）出现异常声音。如噪音加大，有内部放电，电机转动声音异常等。

4）异味。最常见为塑料味，绝缘漆挥发出的气味，甚至烧焦的气味。

5）机内打火，出现烟雾。

6）仪表指示超范围。有些指示仪表数值突变，超出正常范围。

（2）异常情况的处理办法。

1）凡遇上述异常情况之一，应尽快断开电源，拔下电源插头，对设备进行检修。

2）对烧断熔断器的情况，绝不允许换上大容量熔断器工作，一定要查清原因再接上同规格熔断器。

3）及时记录异常现象及部位，避免检修时再通电。

4）对有麻电感觉但未造成触电的现象不可忽视。这种情况往往是绝缘受损但未完全损坏，必须及时检修；否则随着时间推移，绝缘逐渐完全损坏，危险增大。

知识三　触电急救与电气消防

一、触电急救

发生触电事故，千万不要惊慌失措，必须用最快的速度使触电者脱离电源。要记住当触电者未脱离电源前，其本身就是带电体，同样会使抢救者触电。

脱离电源最有效的措施是拉闸或拔出电源插头。如果一时找不到或来不及找的，可用绝缘物（如电绝缘柄的工具、木棒、塑料管等）移开或切断电源线。关键是：一要快；二要不使自己触电。一两秒的迟缓都可能造成无可挽救的后果。

脱离电源后，如果病人呼吸、心跳尚存，应尽快送医院抢救；若心跳停止应采用人工心脏按压法维持血液循环；若呼吸停止应立即做口对口人工呼吸；若心跳、呼吸全停，则应同时采用上述两个方法，并向医院告急求救。

二、电气消防

火灾是造成人们生命和财产重大损失的灾害之一。随着电气化的日益发展，在火灾总数中，电气火灾所占的比例不断上升。因此，在用电时，必须预防电气火灾的发生。电气火灾消防应注意以下几点。

（1）发现电子装置、电气设备、电缆等冒烟起火，要尽快切断电源。

（2）使用砂土、二氧化碳或四氯化碳等不导电灭火介质，忌用泡沫或水进行灭火。

（3）灭火时不可将身体或灭火工具触及导线和电气设备。

巩固与练习

1. 触电事故对人体危害主要有什么？

2. 影响触电危险程度的因素有什么？

3. 什么是单相触电？什么是双相触电？

4. 什么是保护接地？什么是保护接零？它们之间有何区别？

5. 预防触电的基本措施有哪些？

参 考 文 献

[1] 陈雅萍. 电工技术基础与技能. 北京：高等教育出版社，2010.

[2] 王微，王木印，马昆宝. 电工基础（提高版）. 北京：电子工业出版社，2001.

[3] 周南星. 电工基础. 北京：中国电力出版社，1999.

[4] 周绍敏. 电工基础. 北京：高等教育出版社，2001.

[5] 劳动人事部培训就业局组织编写. 电工基础. 北京：劳动人事出版社，1988.